国产数控系统应用技术丛书

北京航天数控系统应用技术手册

主　编　张志云
副主编　王宏娜　何伟丽
主　审　杜瑞芳　陈光进

华中科技大学出版社
中国·武汉

内 容 简 介

本书分为六章,以北京航天数控系统有限公司的典型车床、铣床为例,详细介绍了数控车床、铣床的操作方法、编程基础和指令、联调以及维护与维修等内容。通过案例和图文结合的表现形式,详细阐述了整个数控系统使用及工件加工的过程。

图书在版编目(CIP)数据

北京航天数控系统应用技术手册/张志云主编.—武汉:华中科技大学出版社,2017.11
(国产数控系统应用技术丛书)
ISBN 978-7-5680-3313-8

Ⅰ.①北… Ⅱ.①张… Ⅲ.①数控机床-维修-高等学校-教材 Ⅳ.①TG659

中国版本图书馆 CIP 数据核字(2017)第 198802 号

北京航天数控系统应用技术手册 张志云 主编
Beijing Hangtian Shukong Xitong Yingyong Jishu Shouce

策划编辑:俞道凯
责任编辑:罗 雪
封面设计:原色设计
责任校对:何 欢
责任监印:周治超
出版发行:华中科技大学出版社(中国·武汉)   电话:(027)81321913
　　　　　武汉市东湖新技术开发区华工科技园   邮编:430223
录　　排:武汉三月禾文化传播有限公司
印　　刷:武汉华工鑫宏印务有限公司
开　　本:710mm×1000mm 1/16
印　　张:13
字　　数:276 千字
版　　次:2017 年 11 月第 1 版第 1 次印刷
定　　价:39.80 元

前言

QIANYAN

目前,随着电子元器件、计算机、信息和自动控制等技术的进步,数控技术在机械工业中的应用也越来越普遍,已成为传统机械制造工业提升改造和实现自动化、柔性化、集成化生产的重要手段和标志。数控机床是机电一体化的典型产品,是机械工业发展的基础,掌握数控系统及数控机床的原理及应用尤为重要。

本书共分为六章,以北京航天数控系统有限公司的典型车床、铣床为例,详细阐述了数控车床系统及数控铣床系统的各部件功能及作用,加工程序编制的基础知识及常用的编程指令,机床数控系统的电气连接、系统与伺服参数设置、PLC 设计、电气控制电路设计实例,机床在使用过程中常见的故障及故障分析等。本书致力于让读者全方位了解数控车床及数控铣床的相关基础知识,掌握应用技能。

由于时间仓促和编者水平有限,书中疏漏和错误在所难免,恳请专家及读者批评指正,以便进一步修改。

编　者
2017 年 10 月

前　言

目录

MULU

第1章 数控系统车床与铣床操作》》》》

1.1 车床与铣床系统操作部分

数控系统(CNC)的操作部分是操作人员与数控系统进行交互的工具。一方面,操作人员可以通过它对数控机床(系统)进行操作、编程、调试,对系统及机床参数进行设定和修改;另一方面,操作人员可以通过它查看数控机床(系统)的运行状态。

操作部分主要由显示装置、键盘(指与计算机(PC)键盘兼容的数控键盘)、机床面板、手持单元等部分组成。图 1-1 所示为北京航天数控系统有限公司 CASNUC 2000TA 和 2000MA 数控系统的操作面板。

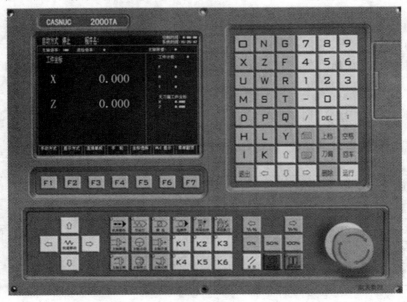

(a)

图 1-1 2000TA 和 2000MA 数控系统的操作面板
(a) 2000TA (b) 2000MA

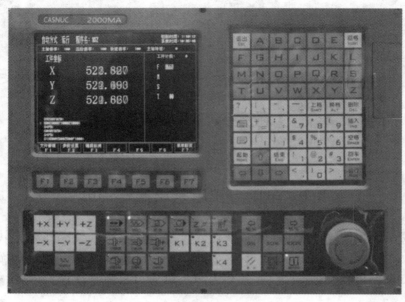

(b)

续图 1-1

1.1.1 显示装置

操作面板的左上部分为 8.0 英寸(1 英寸约为 2.54 厘米)彩色液晶显示屏,用于菜单显示,系统状态、故障报警的显示,加工轨迹的图形显示。

根据数控系统所处的状态和操作命令的不同,显示的信息可以是正在编辑的程序、正在运行的程序、机床坐标轴的指令、实际坐标值、故障报警信号等。

1.1.2 常用键盘按键及其功能

常用键盘按键及其功能介绍如表 1-1 所示。

表 1-1 常用键盘按键及其功能

键盘按键	功　　能
【退出】	一般用于返回或放弃
【F7】	一般用于菜单翻页。在当前屏不能发现需要的菜单时,可按【F7】键进行菜单翻页
【删除】	一般用于删除
【回车】	一般用于确认或输入

1.1.3 常用面板按钮及其功能

常用面板按钮及其功能介绍如表 1-2 所示。

表 1-2　常用面板按钮及其功能

面板按钮	是否带有指示灯	功　能
机床锁住	带灯按钮	按下该按钮,按钮上的指示灯点亮,则机床进给轴不能移动,但坐标显示和机床运动时一样,并且 M、S、T 功能都执行。此功能用于程序校验
空运行	带灯按钮	在程序运行前,按下该按钮,按钮上的指示灯点亮,则机床不管程序中指定的进给速度,以内部定义的速度执行程序,且 M、S、T 功能不执行
跳 选	带灯按钮	在程序运行前,按下该按钮,则加工程序中含有"/"的程序将被跳过(即该开关有效时,不执行有"/"的程序)
选择停	带灯按钮	在机床自动运行中,按下该按钮(梯图需将该按钮的状态传给 CNC),可以使自动运行暂时停止。机床呈如下状态:机床在移动时,进给减速停止;执行暂停中,暂停结束后停止;正在执行 M、S、T 功能时,M、S、T 功能完成后停止。再按一次该按钮,退出"暂停"状态,程序继续执行
冷却启停	带灯按钮	按下该按钮,按钮上的指示灯点亮,冷却电动机启动;再按一下该按钮,指示灯灭,冷却电动机停止
手动换刀	带灯按钮	按下该按钮,则刀架旋转,完成一次换刀动作
复 位	不带灯按钮	按下该按钮,则系统取消剩余运动,取消辅助功能(M、S、T),刀具偏移,并返回各操作方式初始状态。如果在运行中进行复位,则伺服电动机减速后停止
⇩	不带灯按钮	X 轴手动正向进给按钮。按下该按钮,X 轴沿坐标轴正方向运动。运动速度由倍率开关确定
⇧	不带灯按钮	X 轴手动负向进给按钮。按下该按钮,X 轴沿坐标轴负方向运动。运动速度由倍率开关确定
⇨	不带灯按钮	Z 轴手动正向进给按钮。按下该按钮,Z 轴沿坐标轴正方向运动。运动速度由倍率开关确定
⇦	不带灯按钮	Z 轴手动负向进给按钮。按下该按钮,Z 轴沿坐标轴负方向运动。运动速度由倍率开关确定
快速移动	不带灯按钮	手动快速进给按钮。该按钮与 X 轴手动正向进给按钮、X 轴手动负向进给按钮、Z 轴手动正向进给按钮、Z 轴手动负向进给按钮同时使用,使机床按照参数设定的速度运动
主轴正转	带灯按钮	按下该按钮,按钮上的指示灯点亮,同时主轴沿逆时针方向旋转
主轴反转	带灯按钮	按下该按钮,按钮上的指示灯点亮,同时主轴沿顺时针方向旋转
主轴停止	不带灯按钮	按下该按钮,主轴减速停止,并且"主轴正转"或"主轴反转"指示灯灭
主轴降速	不带灯按钮	按下该按钮,主轴倍率以 10% 的间隔下降,主轴倍率最小值为 50%

面板按钮	是否带有指示灯	功　能
⊖ 主轴点动	不带灯按钮	按下该按钮，主轴沿逆时针方向旋转，主轴速度由当前的 S 值确定
⊐+ 主轴升速	不带灯按钮	按下该按钮，主轴倍率以 10% 的间隔上升，主轴倍率最大值为 120%
K1 K2 K3 K4 K5 K6	用户自定义带灯按钮（K5、K6 不带灯）	可以按照用户要求定义为相应的功能
循环启动	带灯按钮	循环启动
循环停止	带灯按钮	循环停止
⇐ ᴧ%	不带灯按钮	进给倍率降按钮，按下该按钮，进给倍率减少，进给倍率的调整范围是 0%～150%
⇒ ᴧ%	不带灯按钮	进给倍率升按钮，按下该按钮，进给倍率增加，进给倍率的调整范围是 0%～150%
0%	不带灯按钮	进给倍率 0% 按钮，按下该按钮，进给倍率为 0%
50%	不带灯按钮	进给倍率 50% 按钮，按下该按钮，进给倍率为 50%
100%	不带灯按钮	进给倍率 100% 按钮，按下该按钮，进给倍率为 100%

1.1.4　手持单元

手持单元用于以手摇方式实现坐标轴的增量进给。

手持单元的坐标轴选择波段开关置于"X""Y""Z"挡时，按下控制面板上的增量按钮，指示灯亮，系统处于手摇进给方式。

以手摇进给 X 轴为例，步骤如下：

（1）手持单元的坐标轴选择波段开关置于"X"挡。

（2）手动顺时针（逆时针）旋转手持单元的摇柄一格，X 轴将正向（负向）移动一个单位增量值。

手摇进给的增量值由手持单元的增量倍率开关控制，二者的对应关系如表 1-3 所示。

表 1-3　手摇进给的增量值与增量倍率开关位置的对应关系

增量倍率开关位置	×1	×10	×100
增量值/mm	0.001	0.01	0.1

1.2 软件操作界面

1.2.1 软件操作界面

北京航天数控系统上电后,液晶显示屏将显示 2000MA 数控系统的软件操作界面,如图 1-2 所示。其界面由如下几个部分组成。

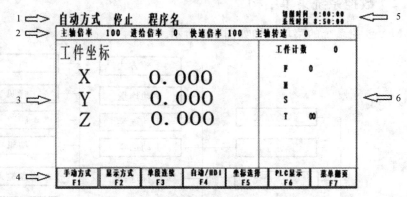

图 1-2　2000MA 数控系统的软件操作界面

1. 当前运行方式、系统运行状态及程序名

运行方式:显示当前有效的运行方式,例如自动方式、单段方式、手动方式等。

运行状态:通过显示"运行"或"停止",表明机床当前的状态。"运行"一般表示当前加工程序正在运行或正在手动操作机床运行,其余情况显示"停止"。

程序名:当前正在调用的加工程序名称。

2. 倍率及主轴转速

主轴倍率:当前主轴倍率值(百分值)。

进给倍率:当前进给倍率值(百分值)。

快速倍率:当前快速倍率值(百分值)。

主轴转速:当前主轴实际转速。配用主轴编码器并填写"主轴编码器线数"(D12参数)时会显示主轴的实际转速,没有主轴编码器时不会显示主轴的实际转速。

3. 显示区

坐标显示区:在图 1-1 所示的状态下,可以通过【F5】按键选择显示工件坐标、相对坐标、机床坐标、反馈脉冲等,开机默认显示工件坐标。

程序显示区:位于坐标显示区下方,显示当前有效程序的 5 行内容。

4. 菜单命令条

通过【F1】~【F7】按键选择相应功能,完成系统的菜单操作。

5. 系统时间及切削时间

系统时间:相当于计算机中的时间显示。其显示格式为"时:分:秒"。

切削时间：自动执行程序所用的时间，在开机时清零，或在启动程序时重新开始计时。其显示格式为"时:分:秒"。

6. 辅助功能显示

工件计数：程序自动执行，每完成一次，工件计数加1。

F:当前进给速度，单位:毫米/分(mm/min)。

M、S、T:显示最后执行的辅助功能代码。

1.2.2 数控系统菜单结构

2000MA 数控系统的菜单结构如图 1-3 所示。

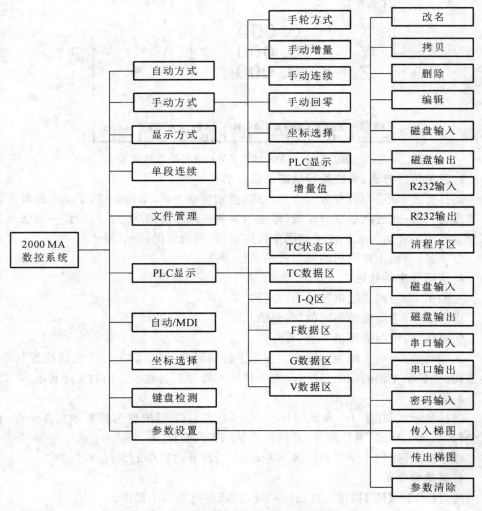

图 1-3　2000MA 数控系统的菜单结构

1.3 数控系统开、关机及返回参考点

1.3.1 开机步骤

数控系统的开机步骤如下：
- 检查伺服柜及机床相关部位的开门断电装置是否处于正常关闭状态。
- 检查电源电压是否符合要求，接线是否正确。
- 按照机床说明书接通机床电源及伺服柜电源，伺服柜风扇应转动。
- 接通数控系统的电源开关，数秒后显示终端应有显示。
- 检查操作面板上的指示灯是否正常。
- 数控系统上电后进入自动方式。此时，液晶显示器显示如图1-2所示的软件操作界面。

1.3.2 返回机床参考点

数控机床在自动方式和MDI方式下正确运行的前提是建立机床坐标系，为此，当数控系统接通电源、复位后，应进行机床各轴手动返回参考点的操作（也可称为回零点）。

此外，在数控系统断电、再次接通电源后，超程报警解除以后，以及解除"急停"按钮以后，均需要进行再次回参考点操作，以建立正确的机床坐标系。

1. 回参考点的方向设置

在手动方式状态下按【F4】键，进入手动回零状态。回零后系统显示的是G54设置的坐标值。

北京航天数控系统可以根据用户的需求来设置正向回零（即回零方向为正向）和负向回零（即回零方向为负向），回零方向的选择通过A89参数来设置。"A"代表机床参数，每一个参数为八位，从右至左定义为D0～D7。

D0位为X轴回零方向，设置成"0"为正向回零，设置成"1"为负向回零。

D1位为Y轴回零方向，设置成"0"为正向回零，设置成"1"为负向回零。

D2位为Z轴回零方向，设置成"0"为正向回零，设置成"1"为负向回零。

2. 回参考点的操作步骤

数控机床返回参考点的操作步骤如下。

（1）如果A89参数设置为正向回零，回零前应确认机床工作台处于机床零点的负方向位置；如果A89参数设置为负向回零，回零前应确认机床工作台处于机床零点的正方向位置。

（2）选择适当的速度倍率。

（3）在图1-4所示的状态下，按【＋X】、【＋Y】、【＋Z】按钮选择相应轴进行手动回零操作。此时被选定轴的轴号加反显，机床对应的轴进行回零动作。系统每次只

能进行一个轴的回零操作,当一个轴的回零动作结束后才能进行下个轴的回零操作。

（4）重复上述操作,直至所有坐标轴完成回零操作。手动回零操作结束后,机床运行状态显示"停止",工件坐标自动设置为 G54 设定的坐标值。

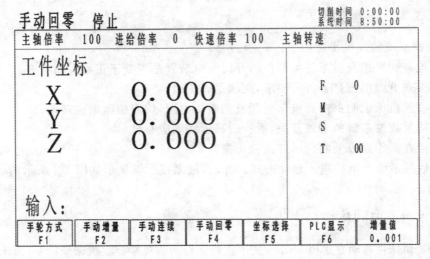

图 1-4　回零界面

3. 注意事项

回参考点时应确保安全。铣床一般应选择先回 Z 轴的参考点,将刀具抬起;车床必须先回 X 轴的参考点,再回 Z 轴的参考点,以免刀架与尾座发生碰撞。

1.3.3　关机步骤

数控机床使用完毕后,应按如下步骤切断电源。

（1）确认数控系统处于非加工过程中。

（2）数控机床可运动部件(拖板、主轴、刀架等)处于停止状态。

（3）按下控制面板上的【急停】按钮,断开伺服轴电源。

（4）关闭数控系统的控制电源开关。

（5）按照机床说明书切断机床电源。

1.4　手 动 控 制

1.4.1　手动连续进给

手动连续(点动)进给的一般操作方法如下。

（1）在手动方式任何状态下按【F3】(手动连续)键,进入手动连续状态。

（2）通过面板上的倍率按钮来选择合适的倍率,即

（3）按面板按钮【＋X】、【＋Y】、【＋Z】、【－X】、【－Y】、【－Z】选择相应轴，被选择的轴连续运动。正号为正向运动，负号为负向运动。

系统快速进给时需要同时按面板上的【快速移动】按钮与【＋X】、【＋Y】、【＋Z】、【－X】、【－Y】、【－Z】之中的一个方向按钮，按照参数设定的速度运动。

1.4.2 手动增量进给

手动增量进给的操作方法如下。

（1）在手动方式任何状态下按【F2】（手动增量）键，进入手动增量状态。

（2）在手动增量状态下，机床的进给当量通过【F7】按键选择。如增量值为0.001，则每按一下面板上的按钮，选定的轴移动 1 μm。

（3）按面板上的【＋X】、【＋Y】、【＋Z】、【－X】、【－Y】、【－Z】按钮选择相应轴。正号为手动正向，负号为手动负向。

1.4.3 手轮方式进给（手持器方式）

用户在选配数控系统时可以选择附加面板的手轮，也可以选择外接手持器。系统默认为附加面板手轮，如果选配外接手持器，必须设置 A40 和 A94 参数。

1. 外接手持器的设置

A40 的 D2 位和 A94 的 D0 位同时为"0"，外接手持器无效。

A40 的 D2 位和 A94 的 D0 位同时为"1"，外接手持器有效。

2. 面板手轮和手持器的操作

在手动方式任何状态下按【F1】键，进入手轮方式状态，其中增量值在手轮方式下有 1 μm、10 μm、100 μm 等 3 挡，对应画面上的显示为 0.001、0.010、0.100。

（1）手轮方式操作步骤如下。

① 通过【F7】键选择适当的增量值。例如增量值为 0.001，则手轮每转动一格，相应轴移动 1 μm。

② 按【X】、【Y】、【Z】按钮选择相应轴，被选定轴轴号加光标，此时摇动手轮可实现进给。手轮上方设有轴进给方向的标记，"－"表示轴负向移动，"＋"表示轴正向移动。

（2）手持器方式操作步骤如下。

① 通过手持器上的倍率开关选择适当的增量值。例如倍率开关选择"×1"，增量值为 0.001，则手轮每转动一格，相应轴移动 1 μm。

② 通过手持器上的轴选择开关选择相应轴，被选定轴轴号加光标，此时摇动手轮可实现进给。手轮上方设有轴进给方向的标记，"－"表示轴负向移动，"＋"表示轴正向移动。

1.5　工作参数设置

控制数控机床各轴手动回零并建立机床坐标系只是自动运行和 MDI 运行的前提。由于工件程序一般是以工件坐标系为基准编制的,且在加工过程中需要进行刀具补偿,因此,为避免刀具与工件碰撞或工件报废,确保工件加工的正确性,在加工前务必正确输入工件坐标系及刀具补偿数据。

正确设置机床参数和数控系统参数是数控机床工作的基础。一般数控机床在安装、测试完数控系统后,交付给客户时,已设置好了这些参数,操作者无需再更改。但有个别参数与机床操作有关,需要用户自行设置。本节对机床参数和数控系统参数的设置操作进行介绍。

1.5.1　工件坐标系的设置

"工件坐标"设置仅改变当前工件坐标,不影响参数,通过手动回参考点还可以恢复原工件坐标系。在自动或手动方式下按下【F7】键,找到工件坐标【F5】键,其后具体操作步骤如下。

第一步:按下【F5】键,屏幕上显示"请输入轴名",按【X】或【Z】按钮,再按【回车】键输入选定的坐标轴。

第二步:接下来屏幕显示"输入坐标值",按数字按键输入相应的坐标值,再按【回车】键,屏幕显示输入的坐标值。该坐标轴的坐标设置结束。

第三步:重复以上动作设定另一个轴的坐标。

注意

编辑过程中,在没按【回车】键进行确认之前,可按【Esc】键退出编辑,但输入的数据将会丢失,坐标参数将保持原值。

1.5.2　车床的刀具补偿设置

车床的刀具补偿设置即刀偏参数的设置,可在刀偏参数界面手动修改、设置,如图 1-5 所示。

1. 绝对值输入

第一步:按【刀偏】键,因为显示分为多页,按翻页按键,可以选择需要的页。

第二步:用扫描法或检索法把光标移到要输入的刀偏号所在行的 Z 向刀偏(X 向刀偏)位置。扫描法是指按上、下、左、右光标键顺次移动光标。检索法是用【P】、【Z】(或【X】)、【回车】键的按键顺序直接将光标移动至需要修改的位置。

第三步:按【X】或【Z】后,用数字按键,输入补偿量(可以输入小数点)。

第四步:按【回车】键后,系统自动计算补偿量,并在液晶显示器上显示出来。

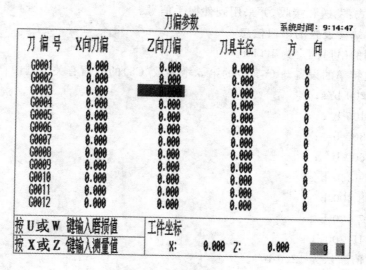

图 1-5 刀偏参数界面

2. 增量值输入

第一步：把光标移到要输入的刀偏号所在行的 Z 向刀偏（X 向刀偏）位置。

第二步：如果想改变 X 轴的刀补值，按【U】；如果想改变 Z 轴的刀补值，输入 【W】。然后用数字按键输入增量值。

第三步：按【回车】键，把当前的补偿量与输入的增量值相加，其结果作为新的补偿量显示出来。

已设定的 X 轴补偿量为：1.234；

用键盘输入的增量值为：U 2.1；

则新设定的 X 轴补偿量为：1.234＋2.1＝3.334。

变更刀偏时，新的偏移量不能立即生效，必须在指定其补偿号的 T 代码指令运行后，才开始生效。

1.5.3 串口参数设置

1. CNC 系统软件和 PC 端应用软件默认的串口设置

CNC 系统软件和 PC 端应用软件默认的串口设置内容如下：

数据位：8 位；

停止位：1 位；

校验方式：偶校验；

查询方式：发送和接收，并采用硬件握手信号。

2. CNC 端需设置的串口信息

CNC 端的串口固定为串口 1。

CNC 波特率的设置与 C 参数的第 5 个参数（C5）的数值有关。其中：

1——1200 b/s；

2——2400 b/s；

3——4800 b/s；

4——9600 b/s；

5——19 200 b/s；

6——38 400 b/s；

7——57 600 b/s；

8——115 200 b/s。

其他数值默认为 1200 b/s。

 注意

进行通信时，CNC 和 PC 的波特率必须一致。遇到干扰或传送出现错误时，适当降低波特率可避免错误。

3. PC 端应用软件需设置的串口信息

在 2100E/2100M 通讯软件主画面，单击【串口设置】按钮，设置串口属性。选择波特率（1200/2400/4800/9600/19 200/38 400/57 600），开机默认波特率为 9600 b/s，如图 1-6 所示。

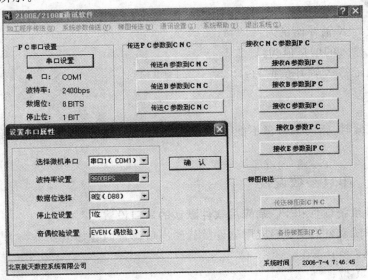

图 1-6 设置串口属性

1.6 程序调入、管理及运行

1.6.1 程序的调入

1. 自动加工程序的调入

自动加工程序的调入步骤如下。

第一步：当前运行方式为自动方式，按下键盘上的字母【O】键，则在屏幕上"程序名"处出现光标，按键盘上的字母和数字按键输入要调入的程序文件名。若输入有误可按【⇦】键移动光标，修改输入。例如输入 P001，则会把程序 P001 调入系统（见图1-7）。

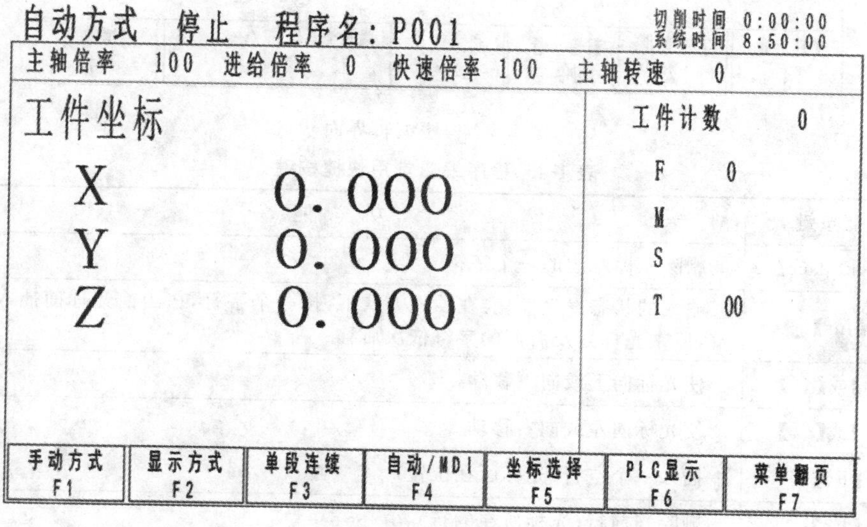

```
自动方式   停止   程序名: P001           切削时间 0:00:00
                                        系统时间 8:50:00
主轴倍率  100  进给倍率  0   快速倍率 100   主轴转速   0

工件坐标                              工件计数      0

  X       0.000                    F    0

  Y       0.000                    M

  Z       0.000                    S

                                   T   00


手动方式 │ 显示方式 │ 单段连续 │ 自动/MDI │ 坐标选择 │ PLC显示 │ 菜单翻页
  F1   │   F2   │   F3   │    F4    │   F5    │   F6   │   F7
```

图 1-7 程序调入

第二步：按下【回车】键，屏幕上"执行文件名"处光标消失。若该文件不存在，则程序显示区显示"当前要打开的文件不存在"。如果需要，可进入"文件管理"查看现有的程序，而后重复以上步骤。若文件存在则显示该文件内容。

第三步：按【运行】键开始运行。

2. 程序的编辑

当选择一个工件程序后，按【F4】键进入程序编辑界面，如图1-8所示，在此界面下可以编辑当前程序。

编辑过程中常用的快捷按键及其功能介绍如表1-4所示。

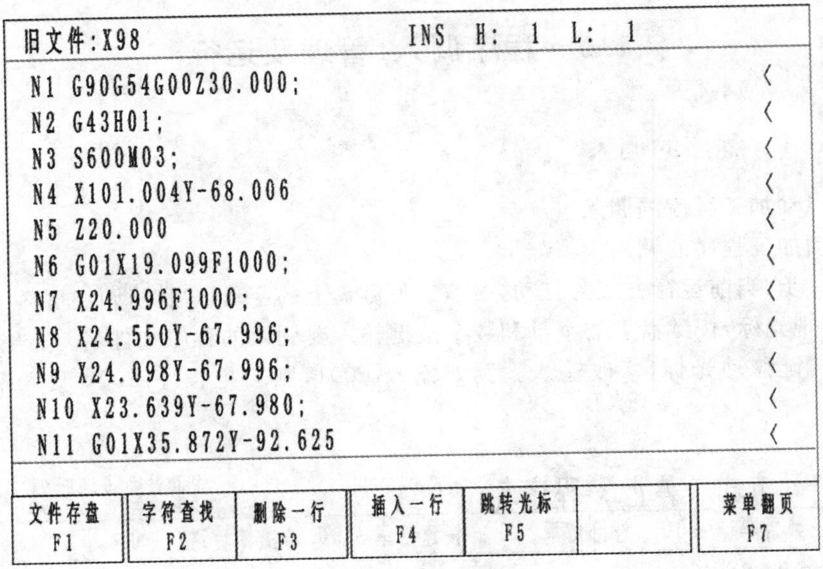

```
旧文件:X98                    INS  H: 1  L: 1

N1 G90G54G00Z30.000;                              〈
N2 G43H01;                                        〈
N3 S600M03;                                       〈
N4 X101.004Y-68.006                               〈
N5 Z20.000                                        〈
N6 G01X19.099F1000;                               〈
N7 X24.996F1000;                                  〈
N8 X24.550Y-67.996;                               〈
N9 X24.098Y-67.996;                               〈
N10 X23.639Y-67.980;                              〈
N11 G01X35.872Y-92.625                            〈
```

文件存盘 F1	字符查找 F2	删除一行 F3	插入一行 F4	跳转光标 F5		菜单翻页 F7

图 1-8　程序编辑界面

表 1-4　程序编辑常用快捷按键

快捷按键	功　能
【BackSpace】	删除光标左边的一个字符
【Ins】	输入的状态发生变化:在插入方式下,按一个字符,在当前光标前插入该字符,原来光标处及后面的字符依次后移
【↓】或【↑】	使光标向上或向下移动
【⇨】或【⇦】	使光标向左或向右移动
【F4】	插入一个空行(光标所在位置)
【F3】	删除当前行(光标所在的行)
【F2】	在提示行输入字符串,如 T15,按【回车】键。如果找到,则光标停在这个字符串的后面;若整个程序都没有这个字符串,则光标会停在文件结尾。字符串最大长度为 9
【F1】	保存加工程序并退到文件管理模式

1.6.2　程序的管理

在自动方式下按下【F7】(菜单翻页)键进行菜单翻页,当出现"文件管理"选项时,按【F1】键进入文件管理界面,如图 1-9 所示。

1. 文件拷贝

本功能是将选中的文件复制成一个新文件,并且更改名称。

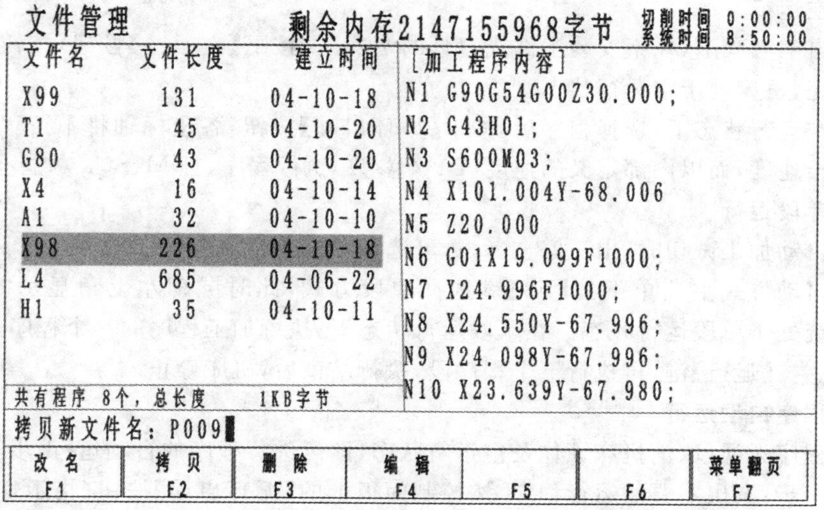

```
文件管理          剩余内存2147155968字节    切削时间 0:00:00
                                           系统时间 8:50:00
文件名    文件长度    建立时间    [加工程序内容]
X99       131       04-10-18   N1 G90G54G00Z30.000;
T1        45        04-10-20   N2 G43H01;
G80       43        04-10-20   N3 S600M03;
X4        16        04-10-14   N4 X101.004Y-68.006
A1        32        04-10-10   N5 Z20.000
X98       226       04-10-18   N6 G01X19.099F1000;
L4        685       04-06-22   N7 X24.996F1000;
H1        35        04-10-11   N8 X24.550Y-67.996;
                               N9 X24.098Y-67.996;
                               N10 X23.639Y-67.980;
共有程序 8个, 总长度    1KB字节
拷贝新文件名: P009
改名     拷贝      删除      编辑              菜单翻页
F1       F2       F3       F4       F5    F6    F7
```

图 1-9 文件管理界面

按【↑】或【↓】键选中要拷贝的文件。按下【F2】(拷贝)键,系统提示"拷贝为新文件名:",输入文件名(例如 P009),按【回车】键确认;若要取消此操作,按【Esc】键。

2. 文件改名

本功能是将选中的文件重新命名,文件内容不变。

按【↑】或【↓】键选中要改名的文件。按下【F1】(改名)键,系统提示"文件改名为:",输入文件名(例如 P009),按【回车】键确认;若要取消此操作,按【Esc】键。

3. 文件删除

本功能是将选中的文件删除。

按【↑】或【↓】键选中要删除的文件。按下【F3】(删除)键,系统提示"确认删除该文件(Y/N)?",如果确认按下【Y】键,否则按【N】键放弃本次操作。若要取消此操作,按【Esc】键。

1.6.3 程序的运行

为了确保加工工件时不发生差错,在程序编制好后、正式加工前,需要通过试运行来检验程序。

1. 机床锁住

在控制面板上按下【机床锁住】按钮,按钮上的指示灯点亮,则机床处于锁住状态。

在自动方式下,选择程序后,按下【循环启动】按钮,伺服进给轴不能移动,但显示屏上的坐标显示和机床运动时一样,并且 M、S、T 功能都执行。通过观察机床坐标信息和报警显示来判断程序是否有语法、格式错误,以及加工外形是否正确。

2. 空运行

在自动方式下,在不安装工件或刀具的情况下,按下【空运行】按钮,按钮上的指示灯点亮,机床处于空运行状态。

在空运行状态下,选择程序后,按下【循环启动】按钮,各坐标轴将不按程序中指定的进给速度,而以内部定义的速度(D144 参数)执行程序,且 M、S、T 功能不执行。

3. 单段运行

在自动加工试切时,出于安全考虑,可选择单段执行加工程序的功能。

在自动方式主菜单下按【F3】键选择单段方式,此时屏幕左上角显示"单段方式",系统处于单段运行状态。在单段运行状态下,执行加工程序的一个程序段后,机床停止。按【运行】键,再执行下个程序段,执行结束后,机床停止。

4. 程序自动运行

如程序无误,取消机床锁住及空运行状态,即可进行程序的自动运行,步骤如下。

第一步:调出需要的运行程序,按控制面板上的【循环启动】按钮(指示灯亮),机床开始自动运行加工程序。

第二步:在程序运行过程中,若需要暂停运行,则需按机床操作面板上的【选择停】按钮,可以使自动运行暂时停止。

第三步:按【运行】键解除暂停状态,程序继续运行。

第四步:按面板上的【复位】按钮,系统取消剩余运动,取消辅助功能(M、S、T),刀具偏移,并返回各操作方式初始状态。如果在运行中进行复位,则伺服电动机减速后停止。

第五步:按下【急停】按钮,系统即切断伺服使能,停止机床运动。该命令处理级别高于数控系统的任何命令,急停有效后系统报警,报警号为 611。

5. MDI 方式

MDI 方式用于简单的程序测试,可以编辑并执行单行程序,步骤如下。

第一步:在自动方式下,按下【F4】键(自动/MDI)进入 MDI 方式,此时系统的运行方式显示为"MDI 方式"。

第二步:进入 MDI 方式后,可以用键盘输入一行要执行的程序,如输入"G01 X100 F100";然后按【回车】键确认,程序会被调入系统,并反显显示。

第三步:按【运行】键,系统执行加工程序。

1.7 显 示

2000MA 数控系统能提供不同的显示界面,可以满足用户不同的需求。

1.7.1 程序显示

在主菜单如图 1-2 所示的状态下,按【F2】(显示方式)键,直至进入程序显示模式,如图 1-10 所示。此界面可以将程序内容、机床坐标、工作坐标、剩余量均显示出来。

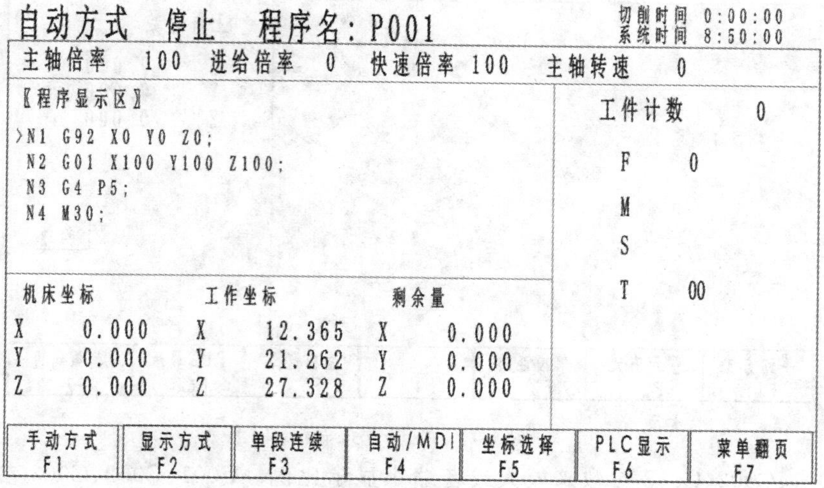

```
自动方式   停止   程序名:P001              切削时间  0:00:00
                                          系统时间  8:50:00

主轴倍率   100  进给倍率   0  快速倍率 100  主轴转速    0

【程序显示区】                              工件计数      0
>N1 G92 X0 Y0 Z0;
 N2 G01 X100 Y100 Z100;                    F       0
 N3 G4 P5;
 N4 M30;                                   M

                                          S

                                          T       00
机床坐标        工作坐标        剩余量
X     0.000   X    12.365   X     0.000
Y     0.000   Y    21.262   Y     0.000
Z     0.000   Z    27.328   Z     0.000

手动方式   显示方式  单段连续  自动/MDI  坐标选择  PLC显示  菜单翻页
  F1       F2       F3       F4       F5      F6       F7
```

图 1-10 程序显示

1.7.2 图形方式显示

图形方式显示可以显示出刀具的运行轨迹,因此可以在屏幕上检查加工轨迹和加工形状。刀具轨迹可以进行缩放。

图形方式支持五种显示方式,即 XY 平面坐标、XZ 平面坐标、YZ 平面坐标、三维图形坐标、混合图形显示方式,通过"系统参数(1)"来切换。

1. 进入图形方式显示

在自动方式下,按【F2】(显示方式)键,直至进入图形方式显示模式,如图 1-11 所示,图中显示的坐标系为 XY 平面。

2. 更改图形方式显示的坐标系

如果要显示期望的坐标系,必须要设定系统参数 C004。图形参数的设定不用复位和重新上电,退出参数设置界面后立即生效。

C004 参数的含义如下:

C004=017,显示 XY 平面坐标;

C004=018,显示 XZ 平面坐标;

C004=019,显示 YZ 平面坐标;

C004=003,显示 XYZ 的三维图形坐标;

C004 等于其他值时会同时显示 XY 平面、XZ 平面、YZ 平面和三维图形坐标。

3. 设置缩放参数

当图形方式显示的加工轨迹过大,超过屏幕的显示范围,或者过小时,可以通过

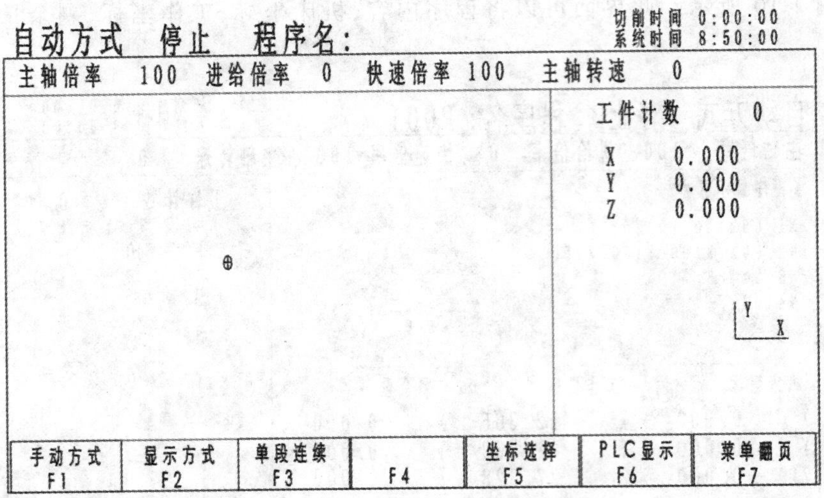

```
自动方式  停止   程序名:                          切削时间 0:00:00
                                                系统时间 8:50:00
─────────────────────────────────────────────────────────────
主轴倍率  100  进给倍率  0  快速倍率 100  主轴转速    0
                                          工件计数        0
                                        X     0.000
                                        Y     0.000
                                        Z     0.000


                          ⊕

                                                     Y
                                                     └─ X

─────────────────────────────────────────────────────────────
 手动方式  显示方式  单段连续         坐标选择  PLC显示  菜单翻页
   F1      F2       F3      F4       F5      F6      F7
```

图 1-11 图形方式显示

设置 C001、C002、C003 参数来放大或者缩小显示比例。C001、C002、C003 参数分别对应"X 轴图形""Y 轴图形""Z 轴图形"的显示比例,具体含义如下。

(1) C001 参数含义。

C001＝1～99 时,X 轴的图形显示放大对应的倍数,如参数值为"2",X 轴的图形显示会放大 2 倍。

C001＝101～127 时,X 轴的图形显示缩小为原来的 1/(C001－100),如参数值为"102",X 轴的图形显示会缩小为原来的 1/2。

其他情况,如 C001 参数值为 101、100、000、001 时,X 轴的图形显示比例为 1∶1。

(2) C002 参数、C003 参数同理。

1.7.3 PLC 显示

PLC 显示状态可以在自动方式或者手动方式下进入,主要用来监控机床 I/O 点和系统内部交换信息的状态,并且能够查看 PLC 和软件的信息。

系统以自动方式或手动方式运行时,【F6】键的位置显示"PLC 显示"。如果自动方式下【F6】键的位置未显示"PLC 显示",可按【F7】(菜单翻页)键切换菜单。按【F6】键进入,PLC 显示方式默认为 I～Q 区,即显示系统输入状态,如图 1-12 所示。屏幕的下方为 PLC 和软件的信息,方便用户查看。

1. PLC 的相关信息

用户 PLC 版本:显示 PLC 的版本号,系统在出厂时会根据不同的用户编写不同的版本号。

PLC 编译时间:PLC 程序的生成时间,方便设计人员查看。

系统软件版本号:显示系统软件的版本号。

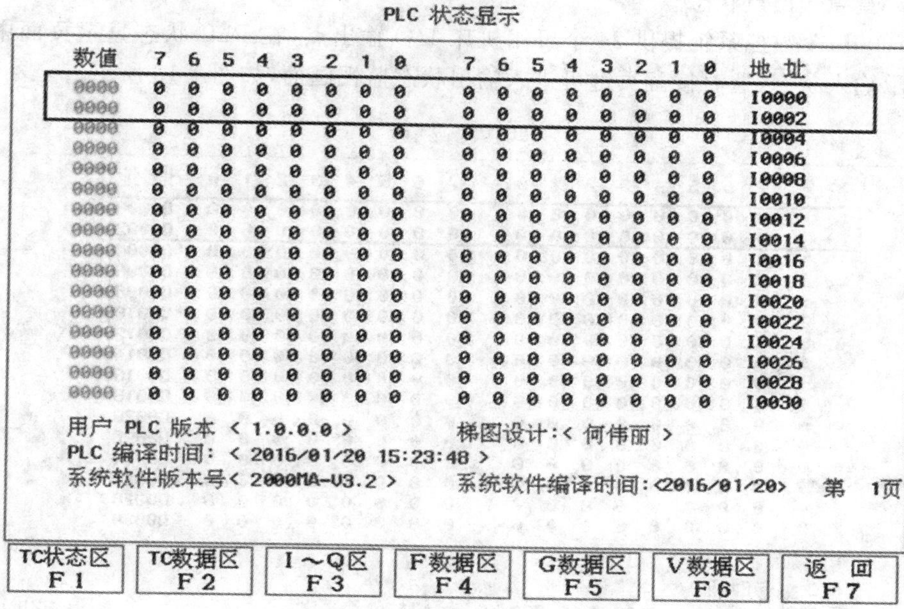

PLC 状态显示

图 1-12　PLC 状态显示

系统软件编译时间：显示系统软件生成的时间。

2. 切换 PLC 显示内容

【F1】(TC 状态区)：定时器/计数器状态显示。(每个位代表一个定时器/计数器的状态信息，即定时器或计数器的逻辑值)

【F2】(TC 数据区)：定时器/计数器数据显示。(每个字(16 位)代表一个定时器/计数器的当前数值信息)

【F3】(I～Q 区)：输入点和输出点信息(可通过【PgDn】和【PgUp】切换 I 区、Q 区)。

【F4】(F 数据区)：CNC 到 PLC 信息交换区。

【F5】(G 数据区)：PLC 到 CNC 信息交换区。

【F6】(V 数据区)：中间单元。

一般通过【F1】～【F6】键快速定位到功能区后，再通过【PgDn】和【PgUp】翻到相应的 PLC 页面进行显示。

3. 查看输入点状态

数控系统 2000MA 提供 32 个可用机床 I/O 输入点，在 PLC 状态显示页面中默认显示输入状态，如图 1-12 所示。

图中方框中的部分显示的是机床 I/O 输入点，共 32 个。其他部分为机床操作面板输入点，具体定义可以参考连接维修说明中的 PLC 定义部分。在输入点有效的状态下，该点位值应为"1"，无效状态下为"0"。

4. 查看输出点状态

2000MA 数控系统提供 24 个可用机床 I/O 输出点，在 PLC 状态显示页面中默认显示输入状态，这时按翻页键可进入输出状态监视画面，如图 1-13 所示。

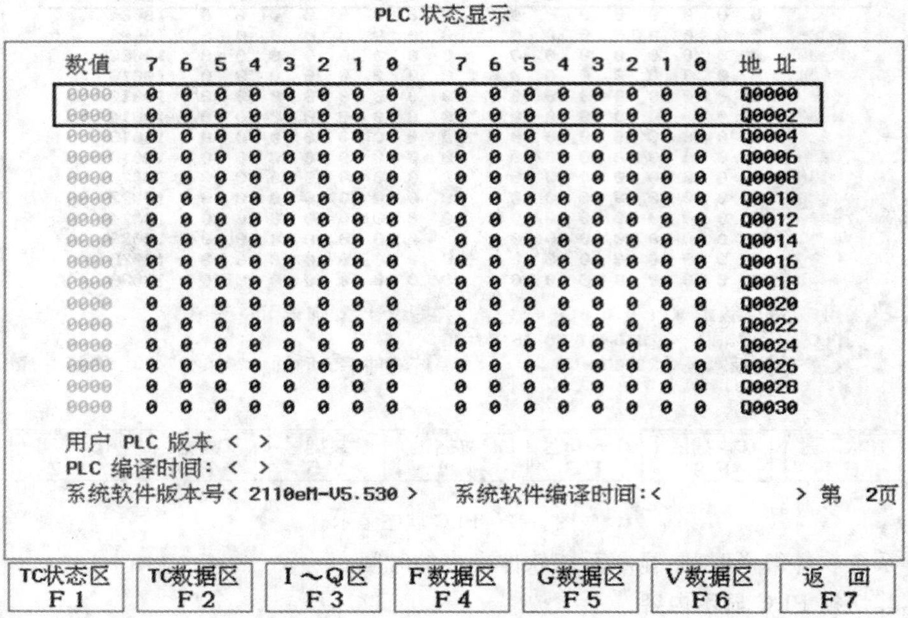
PLC 状态显示

数值	7	6	5	4	3	2	1	0	7	6	5	4	3	2	1	0	地址
0000	0	0	0	0	0	0	0	0	0	0	0	0	0	0	0	0	Q0000
0000	0	0	0	0	0	0	0	0	0	0	0	0	0	0	0	0	Q0002
0000	0	0	0	0	0	0	0	0	0	0	0	0	0	0	0	0	Q0004
0000	0	0	0	0	0	0	0	0	0	0	0	0	0	0	0	0	Q0006
0000	0	0	0	0	0	0	0	0	0	0	0	0	0	0	0	0	Q0008
0000	0	0	0	0	0	0	0	0	0	0	0	0	0	0	0	0	Q0010
0000	0	0	0	0	0	0	0	0	0	0	0	0	0	0	0	0	Q0012
0000	0	0	0	0	0	0	0	0	0	0	0	0	0	0	0	0	Q0014
0000	0	0	0	0	0	0	0	0	0	0	0	0	0	0	0	0	Q0016
0000	0	0	0	0	0	0	0	0	0	0	0	0	0	0	0	0	Q0018
0000	0	0	0	0	0	0	0	0	0	0	0	0	0	0	0	0	Q0020
0000	0	0	0	0	0	0	0	0	0	0	0	0	0	0	0	0	Q0022
0000	0	0	0	0	0	0	0	0	0	0	0	0	0	0	0	0	Q0024
0000	0	0	0	0	0	0	0	0	0	0	0	0	0	0	0	0	Q0026
0000	0	0	0	0	0	0	0	0	0	0	0	0	0	0	0	0	Q0028
0000	0	0	0	0	0	0	0	0	0	0	0	0	0	0	0	0	Q0030

用户 PLC 版本 < >
PLC 编译时间: < >
系统软件版本号 < 2110eM-V5.530 > 系统软件编译时间:< > 第 2页

TC状态区 F1	TC数据区 F2	I～Q区 F3	F数据区 F4	G数据区 F5	V数据区 F6	返 回 F7

图 1-13 数控机床 I/O 输出点

图中方框中的部分显示的是机床 I/O 输出点，共 24 个。其他部分为机床操作面板输出点，具体定义可以参考连接维修说明中的 PLC 定义部分。在输出点有效的状态下，该点位应为“1”，无效状态下为“0”。

1.8 机床参数设置

1.8.1 参数的查看与修改

根据参数的级别，参数的查看与修改需要相对应的权限。

在图 1-14 所示状态下（主菜单），先按【F7】键，再按【F2】键进入参数设置界面，屏幕显示如图 1-15 所示。按【A】～【G】键，可分别进入相应参数区修改参数。

在图 1-15 所示的界面按【F7】键后，再按【F1】键，提示行提示“请输入密码:”，此时输入密码“901B”，按【回车】键即可。若不输入密码，则只能修改每组参数的前八项（螺补参数除外）。

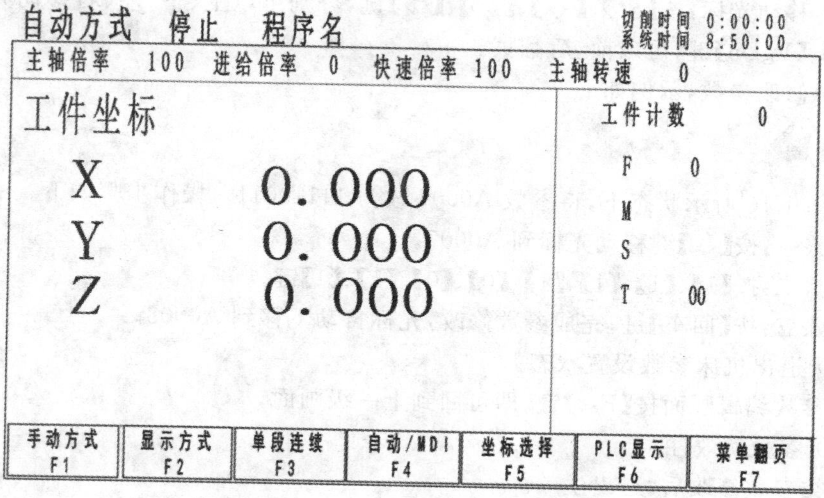

```
自动方式  停止  程序名                        切削时间 0:00:00
                                             系统时间 8:50:00
主轴倍率  100  进给倍率  0  快速倍率 100  主轴转速  0

工件坐标                           工件计数      0

  X        0.000               F      0

  Y        0.000               M

  Z        0.000               S
                               T    00
```

手动方式 F1	显示方式 F2	单段连续 F3	自动/MDI F4	坐标选择 F5	PLC显示 F6	菜单翻页 F7

图 1-14　主菜单

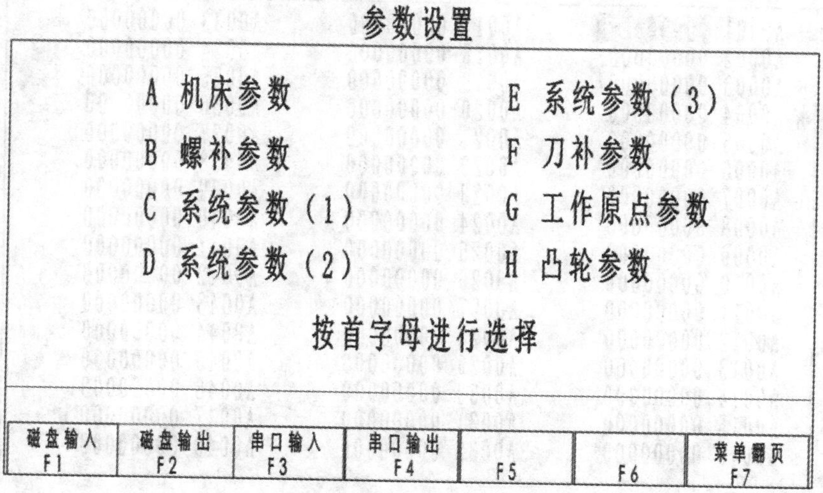

参数设置

A　机床参数　　　　　E　系统参数（3）

B　螺补参数　　　　　F　刀补参数

C　系统参数（1）　　　G　工作原点参数

D　系统参数（2）　　　H　凸轮参数

按首字母进行选择

磁盘输入 F1	磁盘输出 F2	串口输入 F3	串口输出 F4	F5	F6	菜单翻页 F7

图 1-15　参数设置界面

 注意

密码功能可选择（关闭/开启），详见附录 A 中的相关参数说明。

1.8.2　设置参数

1. 机床参数设置

在图 1-15 所示状态下，按【A】键设置机床参数，机床参数为 8 位位参数，无正负号。

（1）移动光标：按【⇧】、【⇩】、【⇦】、【⇨】键，分别可以上、下、左、右移动光标；按【PgUp】、【PgDn】键，可以前、后翻页。

（2）修改参数，示例如下。

在图 1-16 所示状态下，将参数 A0007 改为 11110011。操作步骤如下。

步骤一：按【⇩】键移动光标到 A0007。

步骤二：按【1】、【1】、【1】、【1】、【0】、【0】、【1】、【1】键。

步骤三：按【回车】键，完成参数修改，光标自动下移到 A0008。

（3）退出机床参数设置状态。

在参数编辑画面按【Esc】键，即可回到上一级画面。

（4）参数有效性。

此类参数修改后，退出生效。

机床参数　　　　　　14:28:56

A0001 00000000	A0017 00000000	A0033 00000000
A0002 00000000	A0018 00000000	A0034 00000000
A0003 00000000	A0019 00000000	A0035 00000000
A0004 00000000	A0020 00000000	A0036 00000000
A0005 00000000	A0021 00000000	A0037 00000000
A0006 00000000	A0022 00000000	A0038 00000000
A0007 00000000	A0023 00000000	A0039 00000000
A0008 00000000	A0024 00000000	A0040 00000000
A0009 00000000	A0025 00000000	A0041 00000000
A0010 00000000	A0026 00000000	A0042 00000000
A0011 00000000	A0027 00000000	A0043 00000000
A0012 00000000	A0028 00000000	A0044 00000000
A0013 00000000	A0029 00000000	A0045 00000000
A0014 00000000	A0030 00000000	A0046 00000000
A0015 00000000	A0031 00000000	A0047 00000000
A0016 00000000	A0032 00000000	A0048 00000000

1

图 1-16　修改参数

2. 螺补参数设置

在图 1-15 所示状态下，按【B】键设置螺补参数。具体操作步骤与机床参数设置步骤相同。

此类参数修改后，退出生效。

螺补参数输入范围为−128～127。

3. 系统参数设置

在图 1-15 所示状态下，按【C】、【D】、【E】键分别设置系统参数（1）、系统参数（2）、系统参数(3)。具体操作步骤与机床参数设置步骤相同。

此类参数修改后,退出生效。

系统参数(1)输入范围:0～255。

系统参数(2)输入范围:0～65535。

系统参数(3)输入范围:－99999.999～＋99999.999。

4. 刀补参数设置

在图 1-15 所示状态下,按【F】键设置刀补参数。具体操作步骤与机床参数设置步骤相同。

此类参数修改后生效。

刀补参数输入范围:－99999.999～＋99999.999。

5. 其他参数设置同上

1.8.3　参数的输入、输出

在图 1-15 所示状态下按【F3】、【F4】键,可通过 RS-232 接口实现计算机与数控系统间全部参数的传输。

1.8.4　退出参数管理

在图 1-15 所示状态下,按【Esc】键退出参数管理模式,返回主菜单(见图 1-14)。

第2章 数控系统加工程序编制的基础 》》》》》

2.1 数控编程概述

2.1.1 数控编程的定义

为了使数控机床能根据工件加工的要求动作,必须将这些要求以能识别的指令形式告知数控系统。这种数控系统可以识别的指令称为程序,编制程序的过程称为数控编程。

数控编程的过程不仅仅指编写数控加工指令代码的过程,它包括从工件分析到编写加工指令代码,再到制成控制介质以及程序校核的全过程。在编程前,首先要分析工件的加工工艺,确定加工工艺路线、工艺参数、刀具的运动轨迹、位移量、切削参数(切削速度、进给量、背吃刀量)以及各项辅助功能(换刀、主轴正反转、切削液开关等);接着根据数控机床规定的指令代码及程序格式编写加工程序单;再把这一程序单中的内容记录在控制介质(如软盘、移动存储器、硬盘等)上,检查正确无误后,采用手工输入方式或计算机传输方式将其输入数控机床的数控装置中,从而指挥机床加工工件。

2.1.2 数控编程的内容与步骤

数控编程步骤如图 2-1 所示,主要有以下几个方面的内容。

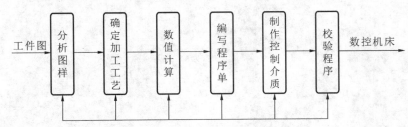

图 2-1　数控编程步骤

1. 分析图样

包括工件轮廓分析,工件尺寸精度、形位精度、表面粗糙度、技术要求的分析,工件材料、热处理等要求的分析。

2. 确定加工工艺

包括选择加工方案,确定加工路线,选择定位与夹紧方式,选择刀具,选择各项切削参数,选择对刀点、换刀点。

3. 数值计算

选择编程原点,对工件图各基点进行正确的数值计算,为编写程序单做好准备。

4. 编写程序单

根据数控机床规定的指令代码及程序格式编写加工程序单。

5. 制作控制介质

简单的数控程序可直接手工输入机床,而当程序自动输入机床时,必须制作控制介质。现在大多数程序采用软盘、移动存储器、硬盘作为存储介质,采用计算机传输的方式输入机床。目前,除了少数老式的数控机床仍采用穿孔纸带外,现代数控机床均不再采用此种控制介质。

6. 校验程序

程序必须经过校验,确认无误后才能使用。一般采用机床空运行的方式进行校验,有图形显卡的机床可直接在 CRT 显示屏上进行校验,现在有很多学校还采用计算机数控模拟的方式进行校验。以上方式只能校验数控程序、机床动作,如果要校验加工精度,则要进行首件试切校验。

2.1.3 数控编程的分类

数控编程可分为手工编程和自动编程两种。

1. 手工编程

手工编程是指编制加工程序的全过程,即图样分析、工艺处理、数值计算、编写程序单、制作控制介质、程序校验都是由手工来完成的。

手工编程不需要计算机、编程器、编程软件等辅助设备,只需要合格的编程人员即可完成。手工编程具有编程快速、及时的优点,其缺点是不能进行复杂曲面的编程。手工编程比较适合大批量、形状简单、计算方便、轮廓由直线或圆弧组成的工件的加工。对于形状复杂的工件,特别是具有非圆曲线、列表曲线及曲面的工件,采用手工编程则比较困难,最好采用自动编程的方法进行编程。

2. 自动编程

自动编程是指用计算机编制数控加工程序的过程。自动编程的优点是效率高,正确性好。自动编程由计算机代替人完成复杂的坐标计算和书写程序单的工作,它可以解决许多手工编制无法完成的复杂工件编程难题,但其缺点是数控机床必须具备自动编程系统或自动编程软件。自动编程较适合形状复杂工件的加工程序编制,如模具加工、多轴联动加工等场合。

实现自动编程的方法主要有语言式自动编程和图形交互式自动编程两种。前者通过高级语言的形式表示出全部加工内容,计算机运行时采用批处理方式,一次性处理,输出加工程序。后者采用人机对话的处理方式,利用 CAD/CAM 功能生成加工程序。

CAD/CAM 软件编程加工过程为:图样分析,工件分析,三维造型,生成加工刀具轨迹,后置处理生成加工程序,程序校验,程序传输并进行加工。

2.2　数控机床的坐标系

2.2.1　机床坐标轴的命名与方向

坐标轴是指在机械装备中具有位移(线位移或角位移)控制和速度控制功能的运动轴(也称坐标或轴)。

为简化编程和保证程序的通用性,人们为数控机床的坐标轴的命名和方向制定了统一的标准。规定直线进给坐标轴用 X、Y、Z 表示,称为基本坐标轴。X、Y、Z 坐标轴的相互关系用右手定则确定。如图 2-2(a)示,图中大拇指的指向为 X 轴的正方向,食指的指向是 Y 轴的正方向,中指的指向是 Z 轴的正方向。围绕 X、Y、Z 轴旋转的圆周进给坐标轴分别用 A、B、C 表示,其方向的正负可用右手螺旋法则确定,大拇指的指向为基本坐标轴正向,则弯曲的四指指向为旋转坐标轴的正向,如图 2-2(b)所示。

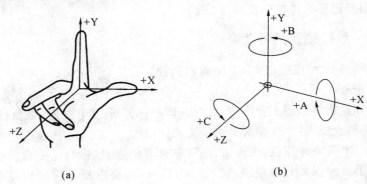

(a)　　　　　　　　　　　　　　(b)

图 2-2　右手直角笛卡儿坐标系

(a) 右手定则确定 X、Y、Z 轴的方向　(b) 右手螺旋法则确定 A、B、C 轴的方向

2.2.2　机床坐标轴方位和方向的确定

机床坐标轴的方位和方向取决于机床的类型和各组成部分的布局,其确定顺序一般为:

● 先确定 Z 坐标轴;

● 再确定 X 坐标轴;

● 然后由右手定则确定 Y 坐标轴。

1. Z 坐标轴

● 在机床坐标系中,规定传递切削动力的主轴为 Z 坐标轴。

● 若机床上有多个主轴,则选一垂直于工件装夹平面的主轴作为主要的主轴。

● 刀具远离工件的方向为 Z 坐标轴的正方向(＋Z)。

2. X 轴坐标

● X 坐标轴是水平的,它平行于工件装夹平面。

● 如果 Z 坐标是水平(卧式)的,当从主要刀具的主轴向工件看时,向右的方向为 X 轴的正方向;如果 Z 坐标是垂直(立式)的,当从主要刀具的主轴向立柱看时,X 轴的正方向指向右边。

3. Y 坐标轴

Y 坐标轴根据 Z、X 坐标轴,按照右手直角笛卡儿坐标系确定,如图 2-2(a)所示。

4. 其他坐标轴

如果在 X、Y、Z 所表示的主要直线运动之外,另有第二组、第三组与其平行的运动,则可分别将它们的坐标定位为 U、V、W 和 P、Q、R。

5. 旋转坐标轴

A、B、C 分别表示其轴线平行于 X、Y、Z 坐标轴的旋转坐标轴。图 2-3 所示为数控铣床坐标系。

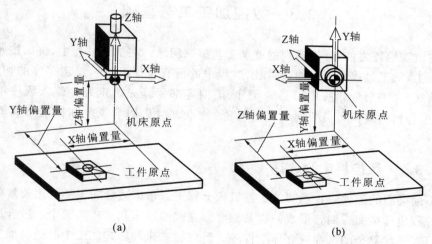

(a)   (b)

图 2-3　数控铣床坐标系

(a)立式加工中心的坐标系　(b)卧式加工中心的坐标系

2.2.3　机床坐标系、机床零点(机械原点)、机床参考点

1. 机床坐标系与机床零点

机床坐标系是用来确定工件坐标系的基本坐标系;机床坐标系的原点称为机床

零点或机械原点,是机床制造商设置在机床上的一个物理位置。其作用是使机床与控制系统同步,建立测量机床运动坐标的起始点。机床零点一般设置在机床移动部件沿其坐标轴正向的极限位置。

2. 机床参考点

与机床零点相对应的还有一个机床参考点,它是机床制造商在机床上用行程开关设置的一个物理位置,与机床的相对位置是固定的。机床参考点一般不同于机床零点,一般来说,参考点为机床的自动换刀位置。

2.2.4 工件坐标系与程序原点

工件坐标系是编程人员为编程方便,在工件、工装夹具上或其他地方选定某个已知点,以此为原点建立的一个编程坐标系。工件坐标系的原点称为程序原点。当采用绝对值坐标编程时,工件所有点的编程坐标值都是基于程序原点计算的。

程序原点的选择要尽量满足编程简单、尺寸换算少、引起的加工误差小等条件。一般情况下,对称工件或以同心圆为主的工件,其程序原点应选在对称中心线或同心圆上;Z轴的程序原点通常选在工件的上表面上。

在数控机床加工前,必须先设置工件坐标系,编程时可以用 G 指令(一般用 G92)建立工件坐标系。

2.3 数控加工工艺基础

在数控编程之前,首先遇到的就是工艺编制问题。在加工过程中,机床按照程序进行加工,加工过程是自动的,在加工过程中的所有工序、工步,每道工序的切削量、走刀路线、加工余量和所用刀具的尺寸、类型等都要预先确定好并编入程序中。因此,一个合格的编程人员要对机床的性能、特点、应用、切削规范和标准刀具等非常熟悉。

2.3.1 数控机床的选择

不同类型的工件应在不同的数控机床上加工。车床适合加工形状比较复杂的轴类工件和由复杂曲线回转形成的模具型腔。立式镗铣床和立式加工中心适合加工箱体、箱盖、形状复杂的平面或立体工件等。卧式镗铣床和卧式加工中心适合加工复杂的箱体类工件及泵体、阀体、壳体等。选用合适的数控机床,才能最大限度发挥机床的优点,提高机床的效率。

2.3.2 数控铣削加工的主要对象

数控铣削是机械加工中常用、主要的数控加工方法,它除了能铣削普通铣床所能铣削的各种工件表面外,还能铣削普通铣床不能铣削的需要二坐标、三坐标、四坐标、五坐标联动的各种平面轮廓和立体轮廓。根据数控铣床的特点,从铣削加工角度考虑,适合数控铣削的主要加工对象如表2-1所示。

表 2-1　铣削加工对象分类

序号	零件类型	加 工 特 点
1	平面轮廓零件	这类零件的加工面平行或垂直于定位面,或加工面与定位面的夹角为固定角度,如各种盖板、凸轮以及飞机整体结构件中的框、肋等。其特点是各个加工面是平面,或可以展开成平面
2	变斜角类零件	加工面与水平面的夹角呈连续变化的零件称为变斜角类零件。变斜角类零件的斜角加工面不能展开为平面,但在加工中,加工面与铣刀圆周的瞬时接触为线接触。最好采用四坐标、五坐标数控铣床摆角加工。若没有上述机床,也可采用三坐标数控铣床进行两轴半近似加工
3	空间曲面轮廓零件	这类零件的加工面为空间曲面,如模具、叶片、螺旋桨等。空间曲面轮廓零件的加工面不能展开为平面。加工时,铣刀与加工面始终为点接触。一般采用球头刀在三坐标数控铣床上加工,当曲面较复杂,通道较狭窄,会伤及相邻表面及需要刀具摆动时,要采用四坐标或五坐标数控铣床加工
4	孔	孔及孔系的加工可以在数控铣床上进行,如钻、扩、铰和镗等加工。由于孔加工多采用定尺寸刀具,需要频繁换刀,当加工孔的数量较多时,在加工中心上加工更方便、快捷
5	螺纹	内外螺纹、圆柱螺纹、圆锥螺纹等螺纹都可以在数控铣床上加工

2.3.3　数控车削加工的主要对象

数控车削是机械加工中常用、主要的数控加工方法。数控车床加工精度高,能够进行直线插补和圆弧插补,加工范围比普通车床宽得多。根据数控车削的特点,适合车削加工的主要加工对象如表2-2所示。

表 2-2　车削加工对象分类

序号	零件类型	加 工 特 点
1	精度要求高的回转体零件	这类零件一般要求尺寸精度和形状精度都比较高,需要多次装夹,需要使用数控车床来加工
2	表面粗糙度要求高的回转体零件	在材料、吃刀量和进给量相同的情况下,零件的表面粗糙度由切削速度决定。数控车床具有恒线速功能,可以保证小而均匀的表面粗糙度
3	具有复杂轮廓形状的回转体零件	某些轮廓形状复杂的回转体零件在普通车床上很难加工,而数控车床具有直线插补和圆弧插补功能,比较容易加工此类零件
4	具有特殊螺纹的回转体零件	数控车床可以车削等导程螺纹,还可以车削增导程、减导程,以及要求在等导程与变导程之间平缓过渡的螺纹

2.3.4　数控铣削加工工艺的特点

工艺规程是普通铣床加工工件过程中的指导性文件。由于普通铣床受控于操作工人,因此,在普通铣床上用的工艺规程实际上只是一张工艺过程卡,铣床的切削用量、进给路线、工序的工步等往往都是由操作工人自行选定的。数控铣床加工的程序是数控铣床的指令性文件。数控铣床受控于程序指令,加工的全过程都是按照程序指令自动进行的。因此,数控铣床加工程序与普通铣床工艺规程有较大差别,涉及的内容也较广。数控铣床加工程序不仅要包括工件的加工工艺过程,而且还要包括切削用量、进给路线、刀具尺寸以及铣床的运动过程。因此,编程人员要对数控铣床的性能、特点、运动方式、刀具系统、切削规范以及工件的装夹方法都非常熟悉。加工工艺方案的好坏不仅会影响铣床的效率,而且将直接影响工件的加工质量。

2.3.5　数控车削加工工艺的特点

1. 易于保证工件各加工表面的位置精度

车削时,工件各表面具有相同的回转轴线。在一次装夹中加工同一工件的外圆、内孔、端平面、沟槽等,能保证外圆轴线之间及外圆与内孔轴线之间的同轴度要求。

2. 生产效率较高

除了车削断续表面之外,一般情况下,车削过程是连续进行的,并且当车刀的几何形状、背吃刀量和进给量一定时,切削层的横截面积是不变的,切削力变化很小,切削过程可维持高速切削和强力切削。

3. 生产成本低

车刀是刀具中最简单的一种,制造、刃磨和安装均较方便。同时,车床工件装夹及调整时间较短,切削生产效率高,因此车削成本较低。

4. 适合车削加工的材料广泛

除难以切削的 30HRC 以上高硬度的淬火钢件外,数控车床可车削黑色金属、有色金属及非金属材料(有机玻璃、橡胶等),特别适合有色金属工件的精加工。

2.3.6　数控机床加工工艺的主要内容

数控机床加工工艺主要包括如下内容。

(1) 选择适合在数控机床上加工的工件,确定工序内容。

(2) 分析被加工工件的图样,明确加工内容及技术要求。

(3) 确定工件的加工方案,制定数控铣削(车削)加工工艺路线,处理与非数控加工工序的衔接问题等。

(4) 设计数控铣削(车削)加工工序,如选取工件的定位基准、划分工序、安排加工顺序、确定夹具方案、划分工步、选择刀具和确定切削用量等。

(5) 调整数控铣削(车削)加工程序,如选取对刀点和换刀点、确定刀具补偿及确定加工路线等。

2.4 数控加工程序的格式与组成

程序编制方法有手工编程和计算机辅助编程两种。程序编制流程如图 2-4 所示。

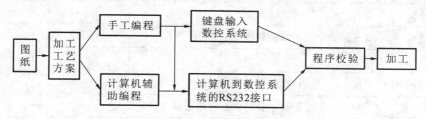

图 2-4 程序编制流程图

在 ISO 标准直角笛卡儿坐标系内编程时应注意,系统只提供直线插补和平面圆弧插补两种插补器。

2.4.1 程序段与程序字

工件加工程序由程序段组成,每个程序段最多含有 80 个字符(包括地址、数值或空格),以标识符";"结束,整个工件加工程序以"％"结束。

程序段由程序字组成,而程序字又由地址及其后续的数值组成,其中数值可以包含正号或负号、1 个或多个数字、1 个小数点等,如:

$$\underset{\text{地址}}{X} \quad \underset{\text{数值}}{-12345.678}$$

程序字

以 CASNUC 2000MA 数控系统为例,它能够使用的地址及其指定范围如表 2-3 所示。

表 2-3 地址及其范围

功　　能	地址	含　　义	范　　围	单　　位
程序名	文件名	程序编号		
程序段顺序号	N	程序段的编号	0～99999	
准备功能	G	指令动作的内容	0～99	
坐标字	X、Y、Z	坐标轴的移动指令	0～±99999.999	mm
坐标字	I、J、K	圆心坐标	0～±99999.999	mm
坐标字	R	固定循环时,指定 R 点圆弧时的指定半径	0～±99999.999	mm
坐标字	Q	固定循环时的进刀量	0～±99999.999	mm
暂停时间	P	在 G04 或固定循环中的指定暂停时间	0.01～59.99	s

功　能	地址	含　义	范　围	单　位
子程序调用	P	在 M98 子程序调用时指定的子程序号	0000～9999	
循环次数	L	指定循环次数	1～9999	
进给速度	F	进给速度指令	0～24000	mm/min
主轴机能	S	主轴旋转速度指令	0～29999	
刀具机能	T	刀具选择指令	0～99	
辅助功能	M	机床侧开关量控制指令	0～99	
半径补偿号	D	刀具半径补偿时指定刀具半径	0～99	
长度补偿号	H	刀具长度补偿时指定刀具长度偏移	0～99	

利用上述给出的程序字可以构成这样一个程序段：

N001	程序段的顺序号
F200	进给速度
G01	G 代码（直线）
X80 Z80.36 Y−120.0	坐标值
G4 P2	暂停 2 s
X100	坐标值
M03 S2000	辅助功能（主轴以 2000 r/min 正转）
M98 P0004 L5	调用子程序 P0004，循环 5 次
M30	程序结束

2.4.2　小数点

带小数点的数值，其小数点前面的零和小数点后面的零都不能省略。例如：0.235、12.0 等都是合法的。

小数点后有效数字后面的零可以省略。例如：12.100＝12.10＝12.1，都是合法的。

如果省略小数点，则表示小数点在最后。

以下地址可输入带小数点的数据：X、Y、Z、I、J、K、R、Q、P（用作暂停时间）。用于表示距离时，数值的单位为 mm；用于表示时间时，数值的单位为 s。例如：G04 P12.34 表示暂停 12.34 s。

带小数点和不带小数点的数值可以混合编程。例如：G01 X200 Y−120.00 Z80.36。

2.4.3 最大指令值

各地址的最大指令范围如表 2-3 所示,表中所给极限是数控装置本身的能力,数控系统与机床配接后,其值的可用范围(不含圆弧)与机床有关。例如:对数控系统来说,单条指令可移动的量为 99 m,而实际机床往往有所限制。进给速度也一样。又如,数控装置快速进给速度可达 24 m/min,实际上,由于机床的刚度、丝杠螺距、所选用的伺服电动机等限制因素,机床工作台的实际进给速度可能达不到上述指标。所以,实际编程中,应参考数控系统说明书和机床制造厂的说明书,以便在充分了解数控系统及机床约束条件的基础上进行编程。

2.4.4 程序名

为了区别不同的程序,必须对每个程序冠以程序名。程序名并不在工件加工程序的程序段中出现,而是作为程序的名称,在程序的索引目录中出现。程序名又分为主程序名和子程序名。

1. 主程序名

主程序名由 1～5 位字母或数字组成,且要符合计算机的文件命名规则,不能使用计算机限定的非法字符。

主程序名的所有字母、数字都是有效信息,例如:01≠001,01≠1。数字 0 也可以单独作为主程序名。

2. 子程序名

子程序名由 4 位数字组成,不能含有字母。同主程序名一样,子程序名所有数字都是有效信息。

2.4.5 顺序号

顺序号的格式为以字母 N 开头,后面允许 1～5 位十进制数字。

在 CASNUC 2000MA 数控系统中,顺序号一般有以下两个用途。

1. 便于程序检查

当自动运行程序中发生语法错误报警时,利用顺序号可以定位发生报警的程序行。

2. 用于程序检索

顺序号在加工程序中不是必需的,可以全部省略,也可以在任意位置设置,不同地方的顺序号可以是任意的,它仅是一个符号,它的数字大小不代表执行的次序。但将顺序号用于检索,可以方便地从程序中指定的位置开始执行。

工件加工程序段中,顺序号一般在程序行的开头位置。顺序号中的数字 0～9 都是有效数字。例如:在进行顺序号检索时,N05 和 N5 被认为是两个不同的行。

2.5 铣削工件的工艺分析

数控铣削加工的工艺设计是在普通铣削加工工艺设计的基础上,充分考虑和利用数控铣床的特点而建立的。工艺设计的关键在于合理安排工艺路线,协调数控铣削工序与其他工序之间的关系,确定数控铣削工序的内容和步骤,并为程序编制准备必要的条件。

2.5.1 数控铣削加工部位及内容的选择和确定

一般情况下,某个工件并不是所有的表面都需要采用数控加工,应根据工件的加工要求和企业的生产条件进行具体分析,确定具体的加工部位、内容及要求。具体而言,以下情况适宜采用数控铣削加工。

(1)由直线、圆弧、非圆曲线及列表曲线构成的内外轮廓。

(2)空间曲线或曲面。

(3)虽然形状简单,但尺寸繁多、检测困难的部位。

(4)用普通机床加工时难以观察、控制及检测的内腔、箱体内部等。

(5)有严格位置尺寸要求的孔或平面。

(6)能够在一次装夹中加工出来的简单表面或形状。

(7)采用数控铣削加工能有效提高生产效率、减轻劳动强度的一般加工内容。

简单的粗加工面、需要用专用工装协调的加工内容等,则不宜采用数控铣削加工。在具体确定数控铣削的加工内容时,还应结合企业设备条件、产品特点及现场生产组织管理方式等具体情况进行综合分析,以优质、高效、低成本为加工原则。

2.5.2 数控铣削加工工件的工艺性分析

工件的工艺性分析是制定数控铣削加工工艺方案的前提,其主要内容如下。

1. 工件图及其结构工艺性分析

(1)分析工件的形状、结构及尺寸的特点,确定工件上是否有妨碍刀具运动的部位,是否有会产生加工干涉或加工不到的区域,工件的最大形状尺寸是否超过机床的最大行程,工件的刚度随着加工的进行是否有太大的变化等。

(2)检查工件的加工要求,如尺寸加工精度、形位公差及表面粗糙度等在现有的加工条件下是否可以得到保证,是否还有更经济的加工方案。

(3)确定工件上是否存在对刀具形状及尺寸有限制要求的部位和尺寸,如过渡圆角、倒角、槽宽等,这些尺寸是否过于凌乱,是否可以统一。尽量使用最少的刀具进行加工,减少刀具规格、换刀及对刀次数和时间,以缩短总的加工时间。

(4)对于工件加工中使用的工艺基准应当着重考虑,它不仅决定了各个加工工序的前后顺序,还将对各个工序加工后的各加工表面之间的位置精度产生直接的影响。应分析工件上是否有可以利用的工艺基准,对于一般加工精度要求,可以利用工件上现有的一些基准面或基准孔,或者专门在工件上加工出工艺基准。当工件的加工精度要求很高时,必须采用先进的统一基准定位装夹系统才能保证加工要求。

(5)分析工件材料的种类、牌号及热处理要求,了解工件材料的切削加工性能,才能合理选择刀具材料和切削参数。同时要考虑热处理对工件的影响,如热处理变形,并在工艺路线中安排相应的工序消除这些影响。而工件的最终热处理状态也将影响工序的前后顺序。

(6)当工件上的一部分内容已经加工完成,这时应充分了解加工状态,确认数控铣削加工的内容与已加工内容之间的关系,尤其是位置和尺寸关系,这些内容在加工时如何协调,采用什么方式或基准保证加工要求。如对其他企业的外协工件的加工。

(7)构成工件轮廓的几何元素(点、线、面)的条件(如相切、相交、垂直和平行等)是数控编程的重要依据。因此,在分析工件图样时,务必要分析几何元素的给定条件是否充分,发现问题时应及时与设计人员协商解决。

2. 工件毛坯的工艺性分析

在进行数控铣削加工时,由于加工过程的自动化,余量的大小、如何装夹等问题在设计工件毛坯时就要仔细考虑好。否则,如果毛坯不适合数控铣削,加工将很难进行下去。

根据实践经验,下列几方面应作为毛坯工艺性分析的重点。

(1)毛坯应有充分、稳定的加工余量。

毛坯主要指锻件、铸件。模锻时的欠压量与允许的错模量会造成余量的大小不等,铸造时也会因砂型误差、收缩量及金属液体的流动性差以致不能充满型腔等造成余量的大小不等。此外,锻造、铸造后,毛坯的挠曲与扭曲变形量的不同也会造成加工余量不充分、不稳定。因此,除板料外,不论是锻件、铸件还是型材,只要准备采用数控铣削加工,其加工面均应有较充分的余量。经验表明,数控铣削中最难保证的是加工面与非加工面之间的尺寸关系,这一点应该特别引起重视。如果已确定或准备采用数控铣削加工,就应事先对毛坯的设计进行必要更改,或在设计时就加以充分考虑,即在工件图样注明的非加工面处也增加适当的余量。

(2)分析毛坯的装夹适应性。

这主要考虑毛坯在加工时定位和加紧的可靠性与方便性,以便在一次安装中加工出较多表面。对不便于装夹的毛坯,可考虑在毛坯上另外增加装夹余量或工艺凸台、工艺凸耳等辅助基准。

(3)分析毛坯的余量大小及均匀性。

这主要是方便判断在加工时要不要分层切削,分几层切削。同时也要分析加工中与加工后的变形程度,考虑是否应采取预防性措施与补救措施。如热轧中等厚度或很厚的铝板,经淬火时效后铝板很容易在加工中与加工后变形,加工时最好采用经过预拉伸处理的淬火板坯。

第3章　数控铣床与铣削中心的编程 >>>>>>

在机床行业中，数控机床多种多样，其中数控铣床、数控车床及数控加工中心应用最为广泛。数控机床所使用的数控系统更是种类繁多，但各个数控系统的编程方法和指令都大同小异，故只要掌握了基本的指令和编程方法，那么面对不同的数控机床或数控系统时，就能快速掌握其编程方法。

本章以北京航天数控系统有限公司的 CASNUC 2000MA 数控系统为例，介绍铣床编程的相关方法及其各功能指令等。

3.1　概　　述

3.1.1　数控机床操作流程

当使用数控机床加工工件时，首先要编制程序，然后用程序控制数控机床的运行。其加工流程如图 3-1 所示。

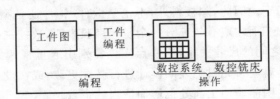

图 3-1　数控铣床加工流程

（1）根据待加工工件的工件图编制程序。

（2）将程序输入数控系统中，安装工件和刀具，准备加工。

编程时使用数控语言对工件轮廓进行描述，同时再加上对主轴、刀具、冷却装置等相关部件的控制命令。实际加工时，程序控制刀具沿工件外形移动。

3.2　准备功能（G 代码）

准备功能的命令用地址 G 后接 2 位数字来表示，规定其所在程序段命令的意义。G 代码有以下两种(见表 3-1)。

表 3-1　G 代码分类

分　类	意　义
非模态 G 代码	只在被指令的程序段有效
模态 G 代码	在同组的其他 G 代码被指令前一直有效

G01 和 G00 是同一组的模态 G 代码,G91 是模态 G 代码。

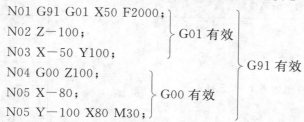

N01 G91 G01 X50 F2000;
N02 Z－100;　　　　　　　 G01 有效
N03 X－50 Y100;
　　　　　　　　　　　　　　　　　G91 有效
N04 G00 Z100;
N05 X－80;　　　　　　　　 G00 有效
N05 Y－100 X80 M30;

数控系统使用的 G 代码如表 3-2 所示,表中"B"表示基本项,"O"表示选择项。

表 3-2　G 代码一览表

G 代码	组	意　义		选项
G00 ▼	01	点定位(快速进给)	由参数 A12 的 D0 位定义初始有效状态	B
G01 ▼		直线插补(切削进给)		B
G02		顺时针方向圆弧插补		B
G03		逆时针方向圆弧插补		B
G04	00	暂停		B
G09		准停校检		B
G17 ▼	02	XY 平面选择		B
G18		ZX 平面选择		B
G19		YZ 平面选择		B
G27	00	返回参考点检查		B
G28		返回参考点		B
G29		从参考点返回		B
G30		返回第二、三、四参考点		O
G40 ▼	07	刀具半径补偿取消		B
G41		左侧刀具半径补偿		B
G42		右侧刀具半径补偿		B

续表

G 代码	组	意　义	选项
G43	08	刀具长度正向补偿	B
G44		刀具长度负向补偿	B
G49 ▼		刀具长度补偿取消	B
G50 ▼	11	缩放（镜像）功能关	B
G51		缩放（镜像）功能开	B
G52	00	局部坐标系设定	B
G54 ▼	14	工件坐标系 1～6 选择	B
G55			B
G56			B
G57			B
G58			B
G59			B
G61	15	精确停校检	B
G62		自动拐角修调有效	B
G64 ▼		切削方式	B
G68	16	旋转功能开	B
G69 ▼		旋转功能关	B
G73	09	高速深孔钻固定循环	B
G80 ▼		取消固定循环	
G81		钻孔固定循环	B
G82		锪孔固定循环	
G83		深孔钻固定循环	B
G85		粗镗固定循环	
G86		镗孔/反镗孔固定循环	B
G89		镗循环	B
G90 ▼	03	绝对值编程	
G91		增量值编程	
G92	00	绝对零点设定	B

续表

G 代码	组	意　义	选项
G98 ▼	10	固定循环返回到初始点	B
G99		固定循环返回到 R 点	B

注：① 00 组中的 G 代码是非模态 G 代码，其他组的 G 代码为模态 G 代码。
② 带有"▼"记号的 G 代码为各组起始 G 代码，即在接通电源或按下复位键时，此 G 代码有效。其中 01 组 G00 与 G01 的有效性由系统参数 A12 的 D0 位来决定：D0＝0，默认为 G00 有效；D0＝1，默认为 G01 有效。
详见附录 A 所示的 CASNUC 2000MA 数控系统参数表。
③ G 代码数字位的第一个零可以省略，如 G02 可写成 G2。
④ 在同一个程序段中，可以指定多个不同组的 G 代码。若指定了两个以上同组的 G 代码，则最后一个 G 代码有效。
⑤ G90、G91 允许混合编程。
⑥ 在固定循环中，若指定了 01 组中的任何一个 G 代码，则固定循环自动被取消，变成 G80 状态。但 01 组 G 代码不受任何固定循环 G 代码的影响。

3.3　辅助功能(M 代码)

　　辅助功能的命令由地址 M 及其后面的 1 位或 2 位数字组成(M0～M99)，主要用于控制工件程序的走向，可以实现机床辅助功能(如主轴旋转等)。

　　M 代码在一个程序段内只允许出现一个，如在一个程序段内出现多个 M 代码，则最后一个 M 代码有效。

3.3.1　M 代码的含义

1. M30(程序结束)

M30 通常编在程序的最后一个程序段里。当 CNC 执行到 M30 指令时，加工程序结束，返回到程序的开头。同时该信号会传给 PLC，其他功能由 PLC 定义(机床的主轴、冷却等全部停止)。

使用 M30 的程序结束后，若要重新执行该程序，则需要重新调用该程序。

2. M00(程序停止)

当 CNC 执行到 M00 指令时，将暂停执行当前程序，以方便操作者进行刀具和工件尺寸测量等操作。此时，机床的主轴、进给、冷却全部停止，CNC 将把现存的模态信息全部保存起来，当操作者再按 CNC 面板上的【循环启动】按钮后，CNC 继续运行后续的加工程序。

3. M01(选择停止)

M01 的功能与 M00 一样，所不同的是，机床制造厂必须设置选择停开关。当选择停开关处于 ON 状态时，M01 功能有效；选择停开关处于 OFF 状态时，M01 功能无效。

4. M98(调子程序)

M98 用于调子程序。调用子程序格式如下：

M98 P0001 L3

其中：P0001 为被调用的子程序名；L3 表示子程序重复执行 3 次。

5. M99(子程序结束)

子程序的结尾必须使用 M99，以控制执行完子程序后返回到主程序。当只运行子程序时，该程序将返回子程序初始位置继续执行。

6. 主轴控制指令 M03、M04、M05

M03：启动主轴，使主轴正向旋转。

M04：启动主轴，使主轴负向旋转。

M05：使主轴停止旋转。

M03、M04、M05 可相互取消彼此的功能。

3.3.2　M 代码的选用

N1 G91 G01 X60.000 Y60.000 S50 M03；

上述程序段的执行情况如图 3-2(a)所示。

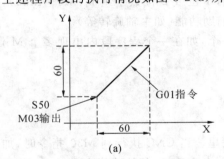
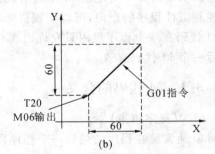

图 3-2　M 代码选用举例

N2 G91 G01 X60.000 Y60 T20 M06；

上述程序段的执行情况如图 3-2(b)所示。

3.4　主轴功能、进给功能和刀具功能

3.4.1　主轴功能

用地址 S 及其后面的数值，可以指令机床的主轴速度，单位为 r/min。当一个程

序段中有多个 S 代码时,最后面的一个 S 代码有效。

格式:S×××××

其中:S 代表主轴功能;×××××代表 5 位十进制数值,前零可以省略,最大值为 29999。

当移动指令和 S 代码同时存在于一个程序段时,先执行 S 代码。关于 S 代码的使用情况,还应参照机床制造厂家的说明书。

3.4.2 进给功能

1. 快速进给和倍率

用定位指令(G00)进行快速进给定位。每个轴的快速进给速度都用 D145～D152 参数来设定,所以在程序中不需再指令速度。

对于快速进给倍率,利用操作面板上的按键可调节:0%～100%(每挡 5%)。

2. 切削进给和倍率

在直线插补(G01)、圆弧插补(G02、G03)中用地址 F 及其后面的数值来指令刀具的进给速度。直线插补、圆弧插补运行轨迹如图 3-3 所示。

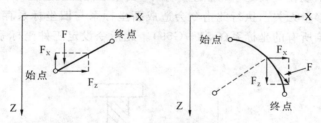

图 3-3 直线插补与圆弧插补示意

F—切线方向速度,单位为 mm/min;Fx—X 轴方向的速度分量;Fz—Z 轴方向的速度分量

1)恒切线速度控制

切削进给通常是控制切线方向的速度使之达到指令的速度值。

利用操作面板上的倍率开关,可以在 0%～150% 之间对进给速度进行倍率修调。空运转时倍率修调无效,进给倍率固定为 100%。

2)切削进给速度控制

通过 E97 参数可以设定切削进给速度的上限值,上限值单位为 mm/min。

3.4.3 刀具功能

用地址 T 及其后面的 2 位十进制数值,可以控制机床的刀具。当一个程序段中有多个 T 代码时,最后面的一个 T 代码有效。

格式:T××

其中:T 代表刀具功能;××代表 2 位十进制数值,用来表示刀具号,前零可以省略。

当移动指令和 T 代码同时存在于一个程序段时,先执行 T 代码,然后执行移动指令。关于 T 代码的使用情况,还应参照机床制造厂家的说明书。

3.5 有关坐标系和坐标指令的 G 代码

3.5.1 使用 G92 设定工件坐标系

指令格式

G92 IP－;

利用上述指令就确定了工件坐标系。IP－即刀具在新坐标系中的绝对位置坐标,不受此时 G90 或 G91 指令影响。

例

G92 X25.2 Z23.0;

此指令表示现在刀具处于一新坐标系中,其基准位置设定在 X＝25.2、Z＝23.0,且此设定与位移量无关。执行此指令会造成新坐标系与旧坐标系存在一偏置值,此偏置值将会影响所有的坐标系(G54~G59)。此指令设定工件坐标系时刀具位置如图 3-4 所示。

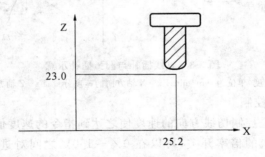

图 3-4 G92 指令刀具位置

3.5.2 使用 G54~G59 设定工件坐标系

指令格式

G54~G59 IP－;

可以设定六个工件坐标系,如图 3-5 所示。被设定轴位置由参考点到它们各自的绝对零点之间的偏移量来确定。

G54~G59 分别指定工件坐标系 1~工件坐标系 6。

ZOFS 1~ZOFS 6 分别为工件坐标系 1~工件坐标系 6 相对机械原点的偏移量。此偏移量即为从机械原点到各坐标系的原点距离,是 G 代码设定的。

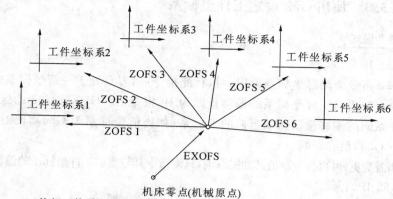

说明：
EXOFS ——外部工件零点偏移值
ZOFS 1~6 ——工件零点偏移值

图 3-5 六个工件坐标系示意图

G 代码中的 G01～G03 对应 G54 坐标系 X 轴、Y 轴、Z 轴的偏移量；G09～G11 对应 G55 坐标系 X 轴、Y 轴、Z 轴的偏移量；G17～G19 对应 G56 坐标系 X 轴、Y 轴、Z 轴的偏移量；G25～G27 对应 G57 坐标系 X 轴、Y 轴、Z 轴的偏移量；G33～G35 对应 G58 坐标系 X 轴、Y 轴、Z 轴的偏移量；G41～G43 对应 G59 坐标系 X 轴、Y 轴、Z轴的偏移量。

例

N1 G90 G54 G00 X40.0 Z20.0；
N2 G55 G00 X20.0 Z100.0；

此程序段表示：A 点在 G54 坐标系中，X＝40.0，Z＝20.0；B 点在 G55 坐标系中，X＝20.0，Z＝100.0。N1 行指令表示快速定位到 G54 中的 A 点，N2 行指令表示快速定位到 G55 中的 B 点。此程序段运行轨迹如图 3-6 所示。

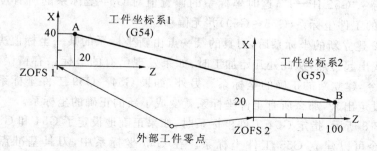

图 3-6 运行轨迹示意图

3.5.3 使用 G52 设定工件坐标系

指令格式 ▶

G52 IP—；

G52 指令为局部坐标系设定。执行此指令后，刀具处于一新坐标系中，局部坐标系的原点与当前工件坐标系的偏移量即为 IP 指令值。G52 与 G92 的区别在于，新、旧坐标系间的偏移量仅影响当前的坐标系（如当前坐标系为 G54），而对别的坐标系（G55～G59）没有影响。

如需变更，可再指令新值。如需取消，只需指令其与当前工件坐标系的偏移值为 0，即 G52 IP0；

3.5.4 使用程序指令变更工件坐标系

在程序中移动工件坐标系时，用程序指令可以变更工件坐标系的位置。

要将刀具所处的位置（用 G54～G59 选择的坐标系）移到用坐标值 IP—确定的工件坐标系中，建立新的坐标系，可用指令：

G92 IP—；

这时坐标系移动的量都加在后面所有的工件原点偏移量上，所以所有的工件坐标系也都移动相同的量，如图 3-7 所示。

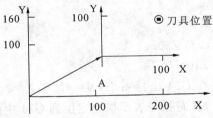

图 3-7 G92 指令变更坐标系示意图

如用指令"G52 IP—；"，这时坐标系的偏置值对 G54 坐标系的所有位置都有影响，但其他的工件坐标系（G55～G59）并无偏移。

用 G92 建立新的坐标系后，刀具的某一点由新坐标系的某一坐标值决定。特别是在工件找出起刀点，从此处开始加工时，如果发现已有的坐标系有错误，也可以使用 G92 指令，建立新的正确的坐标系。另外，如果 G54～G59 工件坐标系间的关系已正确地设定出来，那么所有工件坐标系就变成了新的正确的坐标系。

如图 3-8 所示，指定 G54 工件坐标系时，如果正确地设定了 G54 和 G55 的关系，用 G92 指令可以建立 G55 工件坐标系。在 G55 坐标系中，刀具基准点的位置为（600.0，1200.0）。

指令格式 ▶

G92 X600.0 Z1200.0；

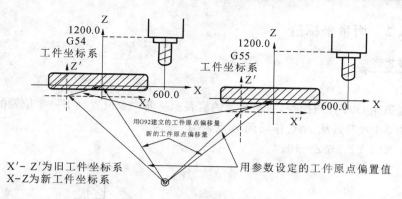

图 3-8　G54、G55 坐标系的关系

因此,当交换工作台在两个不同的位置工作时,如果把这两处的交换工作台的坐标系作为 G54、G55 工件坐标系,并正确地设定它们之间的关系,那么在一个位置中用 G92 指令移动坐标系,在另一个位置中坐标系也完全同样地移动。也就是说,只要正确设置 G54、G55 工件坐标系,用同样的程序便可以使用两个交换工作台加工工件。

3.6　有关单位设定的 G 代码

刀具运动指令的坐标值有绝对值和增量值两种。

3.6.1　绝对坐标值

指令格式

G90;

绝对值用 G90 代码指令。它所指令的坐标值表示刀具在工件坐标系中的位置,即刀具移动的终点坐标值。

如图 3-9 所示,刀具从 A 点移动到 B 点,其指令为

G90 X10 Y30 Z20;

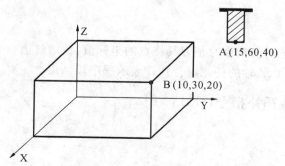

图 3-9　绝对坐标值

3.6.2　增量坐标值

G91；

增量值用 G91 代码指令，它所指令的值表示从前一个位置到下一个位置的距离。

如图 3-10，刀具从 A 点移动到 B 点，其指令为

G91 X40 Y－30 Z－10；

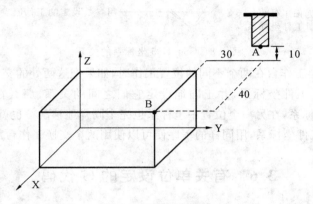

图 3-10　增量坐标值

3.7　进给控制指令 G 代码

3.7.1　定位指令(G00)

图 3-11　G00 指令刀具轨迹

G00 指令用于快速定位。

刀具可以用各轴独立的快速进给速度定位。通常刀具的轨迹不是直线，如图 3-11 所示。

G00 IP－；

其中：IP－在绝对值指令时是刀具终点的坐标值，在增量值指令时是刀具移动的距离；IP－表示 X、Y、Z 轴的任意组合；";"表示程序段结束。

3.7.2　直线插补指令(G01)

G01 IP－ F－；

用于斜线或直线运动的控制方式。它通过程序段中的数据信息在各坐标轴上产

· 46 ·

生与其移动距离成比例的速度。若有回转轴,应以线速度与直线轴位移合成新的速度。

由 IP 指定的移动量,根据 G90 或 G91 指令分别为绝对值或增量值。绝对值指令时,刀具以 F 指定的速度沿直线移动到所选择的工件坐标系中 IP 值指定的点;若是增量值指令,则移动到距现在位置为 IP 值的点。由 F 指定的进给速度是模态值,在没有新的赋值以前,它总是有效的,因此不必要每段都指定。

 例

G91 G01 X200.0 Y100.0 F200;

指令的刀具运行轨迹如图 3-12 所示。

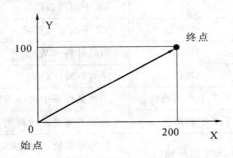

图 3-12 G01 指令刀具运行轨迹示意图

用 F 指定的进给速度是刀具沿直线运动的速度。没有赋值指令时,进给速度为系统参数 E99 给定的进给速度。

 例

G01 G91 X30 Y40 Z50 F200;

在这个程序段中,各轴方向的速度如下:

X 轴方向的速度:$F_x = 200 \times 30/L$;

Y 轴方向的速度:$F_Y = 200 \times 40/L$;

Z 轴方向的速度:$F_Z = 200 \times 50/L$。

其中,$L = \sqrt{30^2 + 40^2 + 50^2}$

3.7.3 圆弧插补指令(G02、G03)

用下面的指令,刀具可以沿圆弧运动。

指令格式

$$\begin{Bmatrix} G17 \\ G18 \\ G19 \end{Bmatrix} \begin{Bmatrix} G02 \\ G03 \end{Bmatrix} \alpha\!-\!\beta\!-\!\begin{Bmatrix} \gamma\!-\!\delta\!- \\ R\!- \end{Bmatrix} F\!-\!;$$

G17、G18、G19:指定插补平面;

α,β∈{ X,Y,Z }:圆弧终点位置;

γ,δ∈{ I,J,K }:圆心相对于起点的偏移值;

R 为圆弧半径,当 R 是正值时指定小于 180°的圆弧,当 R 是负值时指定大于或等于 180°的圆弧。如果同时指定了 R 和 γ、δ,则 R 规定的圆弧有效。

其具体说明如表 3-3 所示。

表 3-3 圆弧插补指令说明

指 定 内 容		指　　令	说　　明
平面指定		G17	XY 平面圆弧指定
		G18	ZX 平面圆弧指定
		G19	YZ 平面圆弧指定
回转方向		G02	顺时针转(CW)
		G03	逆时针转(CCW)
终点位置	G90 方式	X、Y、Z 中的两轴(α,β)	工件坐标系中的终点位置
	G91 方式	X、Y、Z 中的两轴(α,β)	从始点到终点的距离
圆心		I、J、K 中的两轴(γ,δ)	如为增量值,则是从圆弧始点到中心的矢量在对应轴上的分量;如为绝对值,则是圆心坐标
圆弧半径		R	R>0,圆心角<180°; R<0,圆心角≥180°
进给速度		F	沿圆弧切线的速度

1. 圆弧插补的平面和方向

XY 平面的圆弧:G17 $\begin{Bmatrix} G02 \\ G03 \end{Bmatrix}$ X—Y— $\begin{Bmatrix} I—J— \\ R— \end{Bmatrix}$ F—;

ZX 平面的圆弧:G18 $\begin{Bmatrix} G02 \\ G03 \end{Bmatrix}$ X—Z— $\begin{Bmatrix} I—K— \\ R— \end{Bmatrix}$ F—;

YZ 平面的圆弧:G19 $\begin{Bmatrix} G02 \\ G03 \end{Bmatrix}$ Y—Z— $\begin{Bmatrix} J—K— \\ R— \end{Bmatrix}$ F—;

所谓顺时针和逆时针方向,是在右手直角笛卡儿坐标系中,对于 XY 平面(ZX 平面、YZ 平面)从 Z 轴(Y 轴、X 轴)的正方向往负方向看而言,如图 3-13 所示。

2. 圆弧中心和移动的距离

用 X、Y、Z 指定圆弧的终点。对应 G90 指令的是绝对值表示,对应于 G91 指令的是增量值表示。

圆弧中心用 I、J、K 指令,它们分别对应于 X、Y、Z 轴。对应于 G90 指令的是绝对值表示,对应于 G91 指令的是增量值表示,增量值是从圆弧始点到中心的矢量分

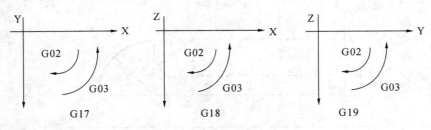

图 3-13　圆弧插补的方向

量,绝对值则是圆心坐标,如图 3-14 所示。

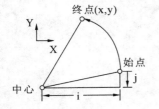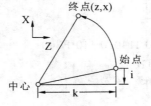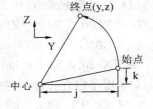

图 3-14　圆弧中心

I、J、K 根据方向应带有正负号。I、J、K 的含义可根据 A28 参数的 D1 位的状态来描述,如表 3-4 所示。

表 3-4　I、J、K 的含义

参 数 状 态	G90(绝对值编程)时的 I、J、K	G91(增量值编程)时的 I、J、K
A28,D1=0	圆心在对应轴上的坐标值	圆心在对应轴上的相对值
A28,D1=1	圆心相对于始点的相对值	圆心相对于始点的相对值

圆弧中心除用 I、J、K 指定外,还可以用半径 R 来指定。

指令格式

G02 X— Y— R—;

G03 X— Y— R—;

此时可存在两个圆弧,大于或等于 180°的圆弧和小于 180°的圆弧。对于大于或等于 180°的圆弧,半径用负值指定。

小于 180°的圆弧(见图 3-15 圆弧①):

G91 G02 X60.0 Y20.0 R50.0 F300.0;

大于或等于 180°的圆弧(见图 3-15 圆弧②):

G91 G02 X60.0 Y20.0 R—50.0 F300.0;

把图 3-16所示的轨迹分别用绝对值方式和增量方式编程。

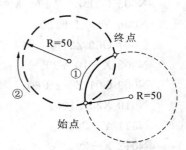

图 3-15　用半径指定圆弧中心

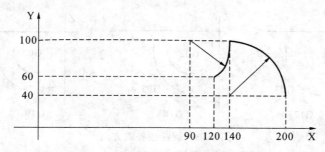

图 3-16　大于或等于 180°的圆弧轨迹

（1）绝对值方式，程序如下。

G92 X200.0 Y40.0 Z0；

G90 G03 X140.0 Y100.0 I140.0 J40 F300；

G02 X120.0 Y60.0 I90 J100；

（2）增量值方式，程序如下。

G92 X200.0 Y40.0 Z0；

G91 G03 X−60.0 Y60.0 I−60.0 F300；

G02 X−20.0 Y−40.0 I−50.0；

3. 进给速度

圆弧插补的进给速度为用 F 代码指定的切削进给速度，即刀具沿着圆弧运动，圆弧切线方向的速度。

3.7.4　平面与凹槽工件加工

在数控铣床上加工如图 3-17 所示的凹槽形工件，槽深 2 mm，按刀具中心轨迹的编程方法加工。程序如下。

N001 G21；

N002 G90 G54 G00 X0 Y50 Z50；

N003 M03 S1000；

N004 G00 Z2；

N005 G01 Z−2 F60 M08；

N006 Y−41 F120；

N007 G00 Z2；

N008 X−10 Y20；

N009 G01 Z−2 F60；

N010 X20 F120；

N011 Y−20；

N012 X−20；

N013 Y20；

未注粗糙度 $\sqrt{Ra6.3}$

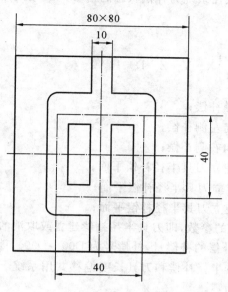

图 3-17 凹槽形工件

N014 G00 Z50 M09；
N015 X0 Y0；
N016 G91 G28 Z0 M05；
N017 M30；

3.8 刀具补偿功能 G 代码

3.8.1 刀具半径补偿

刀具半径补偿是指先按工件的轮廓进行编程，不考虑刀具的实际运动轨迹，操作者在实际加工时，将刀具的半径作为补偿值输入到数控系统中，数控系统利用补偿值和工件加工程序自动计算出刀具的实际运动轨迹，从而加工出所需的工件。

1. 刀具半径补偿的应用

刀具半径补偿功能的主要应用场合如下。

（1）因磨损、重磨、换新刀而引起刀具直径改变后，不必修改程序，只需在刀具参数设置中输入变化后的刀具直径。

（2）通过有意识地改变刀具半径补偿量，便可用同一刀具、同一程序和不同的切削余量完成粗加工、半精加工、精加工。

2. 刀具半径补偿指令(G40、G41、G42)

G41、G42 是设置数控系统为补偿状态的指令,G40 是取消补偿状态的指令。

 指令格式

$$\begin{Bmatrix} G17 \\ G18 \\ G19 \end{Bmatrix} \begin{Bmatrix} G40 \\ G41 \\ G42 \end{Bmatrix} \begin{Bmatrix} G00 \\ G01 \end{Bmatrix} X—Y—Z—D—;$$

G40:取消刀具半径补偿;

G41:刀具前进方向左侧补偿;

G42:刀具前进方向右侧补偿;

G17:在 XY 平面建立刀具半径补偿平面;

G18:在 ZX 平面建立刀具半径补偿平面;

G19:在 YZ 平面建立刀具半径补偿平面;

X、Y、Z:G01/G00 的参数,即刀具半径补偿建立或取消的终点;

D:指定刀具半径补偿的补偿量,补偿号为 D00~D99。D01~D99 分别对应于 F 参数的 F01~F99,刀具半径补偿和刀具长度偏移共用系统 F 参数;D00 表示数控系统取刀具半径补偿量为零。

注意

数控系统在建立刀具半径补偿后,直到取消刀具半径补偿前的状态称为补偿状态,在补偿状态中,直线插补、圆弧插补都能进行补偿。

在特殊情况下,补偿状态中有时会变更补偿方向,但是刀具半径补偿建立程序段及其下一个程序段不能改变补偿方向。

3. 暂时取消半径补偿指令

在补偿状态中,对于一些特殊的指令,数控系统会暂时性地取消半径补偿,并能在此指令后自动恢复补偿。

1)补偿状态中的 G28 指令(自动返回参考点)

在补偿状态中,如果出现了 G28 指令,则在中间点取消补偿,到达参考点后,再自动恢复补偿状态,如图 3-18 所示。

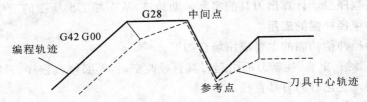

图 3-18 G28 指令轨迹示意图

2)补偿状态中的 G29 指令(从参考点返回)

在补偿状态中,如果出现了 G29 指令,并且 G29 指令紧接在 G28 指令后面时,数控系统在中间点处于取消刀具半径补偿状态,从中间点开始将自动恢复补偿状态,如图 3-19 所示。

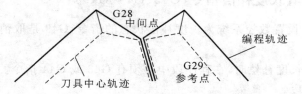

图 3-19 G29 指令轨迹示意图

3) 补偿状态中的 G30 指令(返回第二、三、四参考点)

在补偿过程中,如果出现了 G30 指令,则在中间点取消补偿,到达参考点后,再自动恢复补偿状态,如图 3-20 所示。

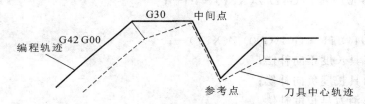

图 3-20 G30 指令轨迹示意图

4) 补偿状态中的 G92、G52、G54～G59 指令

在补偿状态中,若出现了 G92、G52、G54～G55 指令,则应在该指令的前一行取消补偿,然后在该指令之后恢复补偿。

例

(G42)

N5 G91 G1 X100 Y100;

N6 X100 Y10 G40;

N7 G92 X0 Y0;

N8 G90 X100 Y20 G42;

程序段运行轨迹如图 3-21 所示。

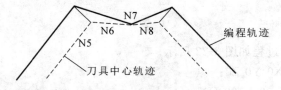

图 3-21 示例程序段运行轨迹示意图

5) 补偿限制条件

在补偿状态中,不能出现孔循环指令,必须先取消刀具半径补偿,然后指定孔循

环指令,否则数控系统将报 604 号错误。

3.8.2 刀具长度补偿指令(G43、G44、G49)

G43、G44 是设置数控系统为长度补偿状态的指令,G49 是取消长度补偿状态的指令。

当需要进行长度补偿时,在程序段中必须有 G43 或 G44 指令。这样的程序段称为长度补偿程序段。

在长度补偿程序段中,有且仅有一个坐标地址(X、Y、Z 之一),刀具长度补偿轴即为该坐标地址所代表的坐标轴。

指令格式

G01（G00）G43（G44）Z(X、Y)— H—;

或者

G43（G44）H— G01(G00) Z(X、Y)—;

G43:刀具长度正向补偿;

G44:刀具长度负向补偿;

G49:取消刀具长度补偿。

Z(X、Y)轴指令的编程值再加上刀具补偿参数中的设定值,作为 Z(X、Y)轴移动的终点值,这样不需要更改程序,只需改变刀具长度补偿值就可以使用不同长度的刀具加工工件。

用 H 代码指定偏移量,偏移号为 H00～H99。H01～H99 分别对应于参数设置中的 F 参数 F01～F99,偏移量的输入范围为 0～±99999.999。例如:

N1 G43 G01 Z100 H56;

此行程序中的刀具长度补偿值即是参数 F56 中的设定值。H00 表示数控系统固定地取长度补偿量为零。

取消刀具长度补偿用 G49 或 H00。H00 只取消当前指定轴的补偿量,而 G49则取消所有轴的补偿量。

3.8.3 利用刀具半径补偿加工工件

下述程序执行过程如图 3-22 所示。

N1 G91 G92 X0 Y0 Z0;

N2 G41 G0 Y100 X100 D01;

N3 G1 Z−50 F100;

N4 Y100;

N5 X200 Y100;

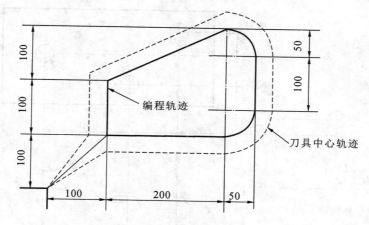

图 3-22 刀具半径补偿实例

N6 G02 X50 Y−50 I0 J−50;

N7 G1 Y−100;

N8 G02 X−50 Y−50 I−50 J0;

N9 G1 X−200;

N10 Z50;

N11 X−100 Y−100 G00 G40;

N12 M30;

3.8.4 利用刀具长度补偿加工工件

本例中 H01 表示从对应的 F01 参数中取刀偏值,下述程序的执行过程如图 3-23 所示。

N1 G91 G00 X120.0 Y80.0;

N2 G43 Z−32.0 H01;

N3 G01 Z−21.0 F100;

N4 G04 P2.000;

N5 G00 Z21.0;

N6 X30.0 Y−50.0;

N7 G01 Z−41.0;

N8 G00 Z41.0;

N9 X50.0 Y30.0;

N10 G01 Z−25.0;

N11 G04 P2.000;

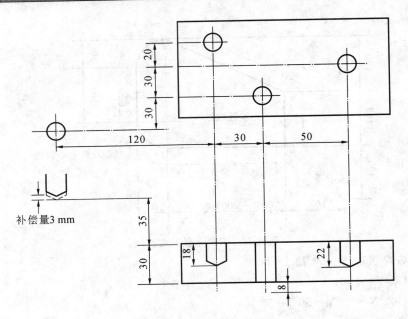

图 3-23　刀具长度补偿实例

N12 G00 G43 Z57.0 H00；

N13 X－200.0 Y－60.0；

N14 M30；

3.9　简化编程指令 G 代码

3.9.1　缩放功能指令(G50、G51)

1. G51 缩放(镜像)功能开

通常首先使用 G92，G54～G59 建立坐标零点后，才可使用 G51 功能。

G51 可将编程的形状放大、缩小或镜像(负比例缩放)。各轴可用不同的比例缩放，当指定负比例时形成镜像缩放。

▌指令格式▶

G51 X— Y— Z— I— J— K—；

X、Y、Z：缩放中心的坐标值；

I、J、K：分别为 X、Y、Z 轴的缩放率。

▌说明

● 若省略 X、Y、Z，则缩放中心默认为当前点；

● 若 I、J、K 为负值，则对应轴 X 轴、Y 轴、Z 轴镜像缩放；

- I、J、K 的取值范围为 $0.001\sim99.999$ 或 $-99.999\sim-0.001$；
- 比例缩放功能不影响刀具半径补偿值、刀具长度补偿值、刀具偏置值和其他补偿值；
- 该功能对于附加轴、手动操作无效；
- 指令 G50、G51 需独立一行；
- 该功能对于固定循环无效；
- 在 G51 方式下，不能指令 G27、G28、G29、G30、G52～G59 和 G92 等；
- 必须在撤销补偿的状态下指令 G50、G51。

2. G50 缩放（镜像）功能关

指令格式 ➤

G50；

指令功能：G50 结束 G51 缩放（镜像）功能。

3.9.2 旋转功能指令（G68、G69）

1. G68 旋转功能开

如果编程形状能够旋转，用该旋转指令可将工件旋转某一指定的角度。

如果工件的形状由许多相同的图形组成，则可将图形单元编成子程序，然后用主程序的旋转指令调用，这样可简化编程、节省时间和存储空间。

指令格式 ➤

G68 G17 X— Y— K—；
G68 G18 Z— X— J—；
G68 G19 Y— Z— I—；

G17、G18、G19：选择旋转平面；

（X，Y）、（Z，X）、（Y，Z）：分别为 G17、G18、G19 所选平面旋转中心的坐标值；

I、J、K：分别为 G19、G18、G17 平面的旋转角度值。同一行中，I、J、K 只有一个有效。

说明 📖

- 若省略 X、Y、Z，则旋转中心默认为当前点；
- I、J、K 为绝对值，其取值范围为 $0.001\sim180.000$ 或 $-180.000\sim-0.001$；
- 坐标系旋转不影响刀具半径补偿值、刀具长度补偿值、刀具偏置值和其他补偿值；
- 该功能对于附加轴、手动操作无效；
- 该功能对于固定循环无效；
- 在 G68 方式下不能指令 G27、G28、G29、G30、G52～G59 等；

● 必须在撤销补偿的状态下指令 G68、G69。

● G68、G69 指令只能与 G17、G18、G19 等平面指令在同一行,不可与其他指令同行。

2. G69 旋转功能关

指令格式

G69；

指令功能：G69 取消 G68 旋转功能。

3.9.3 加工实例

如图 3-24 所示,在主程序 O0002 中,将子程序 0001 放大 2 倍执行；在主程序 O0003 中,将子程序 0001 镜像并放大 2 倍执行。

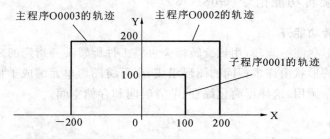

图 3-24 缩放(镜像)功能实例

1) 子程序 0001

N01 G90 G92 X0 Y0 Z0；

N04 G01 X100 F100；

N05 G01 X100 Y100；

N06 G01 Y100；

N07 G01 X0 Y0；

N08 M99；

2) 主程序 O0002

N01 G51 X0 Y0 Z0 I2 J2；

N02 M98 P0001 L1；

N03 G50；

N04 M30；

3) 主程序 O0003

N01 G51 X0 Y0 Z0 I−2 J2；

N02 M98 P0001 L1；

N03 G50；

N04 M30；

如图 3-25 所示，在主程序 O0005 中，将子程序 0004 旋转 45°执行。

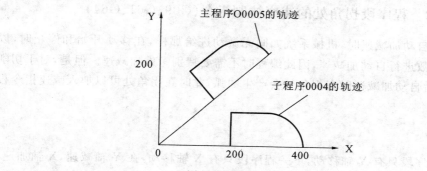

图 3-25 旋转功能实例

1）主程序 O0005

N01 G17 G68 X0 Y0 K45；

N02 M98 P0004 L1；

N03 G69；

M30；

2）子程序 0004

N01 G92 X0 Y0 Z0；

N04 G91 G01 X200 F1000；

N05 G01 Y100；

N06 G01 X100；

N07 G02 X100 Y−100 I0 J−100；

N08 G01 X−400；

N09 M99；

3.10 其他功能指令

3.10.1 暂停指令(G04)

利用暂停指令，可以推迟下个程序段的执行，此推迟时间为指令的时间，其格式如下。

G04 P－；

以秒为单位指令暂停时间,指令范围为 0.001～59.997。如果省略了 P 指令,则可看作是准确停。

3.10.2　程序段拐角处的速度控制指令(G09、G61、G64)

插补后自动加减速时,机械系统如同无微动进给那样,在移动开始和停止时,以某一时间常数进行自动加减速,因此编程时不需要特别考虑加减速。但是,对于切削进给,插补后自动加减速时在拐角处会产生圆弧,此时在拐角处可以加入减速指令程序段(G09)。

例

某一程序段只有 Y 轴移动,下一程序段只有 X 轴移动,在 Y 轴减速,X 轴加速,此时刀具的轨迹如图 3-26 虚线所示。

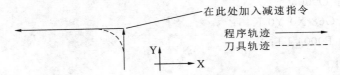

图 3-26　G09 减速指令刀具轨迹示意图

如果加入减速指令,则刀具的轨迹如图 3-26 中实线所示,按程序指令运动。切削进给速度越大,加减速时间常数越大,则拐角处的圆弧误差也越大。有圆弧指令时,实际刀具轨迹的圆弧半径比程序给出的圆弧半径小。要使拐角处误差变小,在机械系统允许的情况下,应使切削进给加减速时间常数尽量减小。

1. 准确停(G09)

指令格式

G09；

在指令了准确停的程序段进行减速和到位检查。快速定位(G00)时,即使没有准确停指令,在终点也进行减速和到位检查。在切削进给中,要求工件拐角处切出锋利的棱边时使用 G09 指令。

2. 准确停方式(G61)

指令格式

G61；

如果指令了 G61,则在它后面的切削进给指令中都进行减速和到位检查,除非指定了 G64(切削状态)。此方式与 G09 的区别在于 G61 为模态 G 代码,而 G09 是非模态的。

3. 切削方式（G64）

指令格式

G64；

当指令 G64 时，在其后面的切削进给指令中，在各程序段终点就不再进行减速而直接进入下一个程序段。在 G61 被指令之前，G64 一直有效。但是在定位方式（G00）、在准确停（G09）被指令的程序段或者在下个程序段没有移动指令等情况下，即使有 G64 指令，进给速度也是减速到零后再进行到位检查。

3.10.3 自动返回参考点指令（G28、G29）

1. 自动返回参考点（G28）

指令格式

G28 IP－；

利用该指令，可以使已指令的轴自动返回到参考点。IP－是返回到参考点时中间点的位置，用绝对值指令或用增量值指令。G28 程序段记忆已指令轴的中间点的坐标值，其动作如图 3-26 所示。

在指令轴的中间点位置定位（A 点→B 点），移动方式为 G00。

从中间点到参考点定位（B 点→R 点），移动方式为 G00。

若非机床锁住状态，则各轴用快速进给速度移动到参考点精确定位。

这个指令一般在自动换刀时使用，所以使用这个指令时，原则上是取消刀具半径补偿和刀具长度补偿状态的。

N01 G01 X10.0 Z20.0；
N02 G28 X40.0 Z60.0；   中间点为（40.0，60.0）
程序运行轨迹如图 3-27 所示。

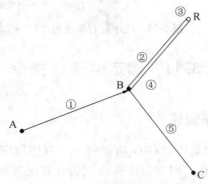

图 3-27 返回参考点的轨迹示意图

2. 从参考点自动返回(G29)

指令格式

G29 IP一；

根据该指令,可以使已指令的轴经过 G28 指令的中间点在 IP 指令的位置定位。一般在 G28 或 G30(返回第二参考点)后指令。

用增量值指令时,其值为从中间点到指令位置的增量值。

G29 程序段的动作可参照图 3-27 中的指令轴快速移动到由 G28 或 G30 定义的中间点(R 点→B 点),从中间点快速移动到被指令的点(B 点→C 点)。

3. G28、G29 使用实例

G90 G28 X1300.0 Y700.0；　　　(A→B→R 的程序段)

T11 M06；

G29 X1800.0 Y300.0；　　　(R→B→C 的程序段)

该例明确表示,在程序中,从中间点到参考点的具体移动量不需计算,如图 3-28 所示。

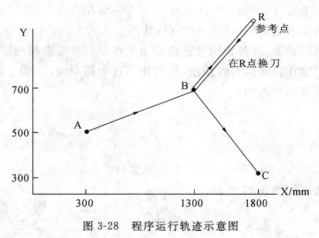

图 3-28　程序运行轨迹示意图

3.11　固定循环 G 指令

3.11.1　固定循环简述

孔加工固定循环通常是用含有 G 功能的一个程序段完成用多个程序段指令的加工动作,使程序得以简化。固定循环的 G 代码及其说明如表 3-5 所示。

表 3-5　固定循环一览表

G 代码	孔加工动作 （−Z 方向）	孔底动作	退刀动作 （+Z 方向）	用　途
G73	间歇进给		快速进给	高速深孔加工循环
G80				取消固定循环
G81	切削进给		快速进给	钻，点钻
G82	切削进给	主轴不停，进给暂停	快速进给	钻，镗阶梯孔
G83	间歇进给		快速进给	深孔加工循环
G85	切削进给		切削进给	镗
G86	切削进给	主轴停	快速进给	镗
G89	切削进给	主轴不停，进给暂停	切削进给	镗

一般固定循环是由下面六个动作顺序组成，如图 3-29 所示。

动作 1：孔位定位（仅限 X、Y 轴）；

动作 2：快速进给到 R 点；

动作 3：孔加工；

动作 4：孔底的动作；

动作 5：退回到 R 点；

动作 6：快速进给到初始点平面。

在 XY 平面定位，在 Z 轴方向进行孔加工，不能在其他平面内定位，进行其他轴方向孔加工，这与指定平面的 G 代码无关。规定固定循环动作有如下三种方式，它们分别由 G 代码指定。

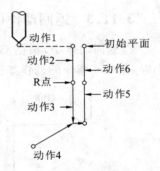

图 3-29　固定循环动作

1）数据形式

G90：绝对值方式；

G91：增量值方式。

2）返回点平面

G98：初始点平面；

G99：R 点平面。

3）孔加工方式

$$\left\{\begin{array}{c} G73 \\ G74 \\ G76 \\ \vdots \\ G89 \end{array}\right\}$$

3.11.2 数据给出方式(G90、G91)

固定循环的绝对值指令为 G90,增量值指令为 G91,其轨迹示意如图 3-30 所示。

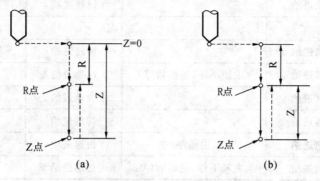

(a)   (b)

图 3-30 固定循环的绝对值指令和增量值指令

(a) G90(绝对值指令) (b) G91(增量值指令)

3.11.3 返回动作(G98、G99)

在返回动作中,根据 G98 或 G99,可以使刀具返回到初始点平面或 R 点平面。G98 或 G99 指令的动作如图 3-31 所示。

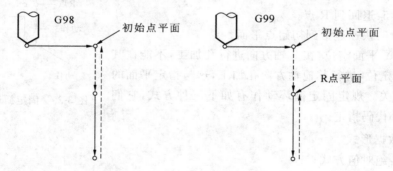

图 3-31 返回动作

G98 是模态 G 代码,是上电默认状态。

通常,最初的孔加工用 G99,最后的孔加工用 G98。用 G99 状态加工孔时,初始点平面不变化。

3.11.4 固定循环功能(G73、G80~G89)

G73、G80~G89 指定了固定循环的全部数据(孔位置数据、孔加工数据、重复次数),使之构成一个程序段。

| 指令格式

G— X— Y— Z—   R— Q— P— F— L—;

G：孔加工状态；

X、Y、Z：孔位置数据；

R、Q、P、F：孔加工数据；

L：重复次数。

详细说明如表 3-6 所示。

表 3-6　固定循环功能各地址的含义（G17、G18 和 G19 指定钻孔平面）

指定内容	地址	说　明
孔加工状态	G	见表 3-5
孔位置数据	X、Y	用绝对值或增量值指定孔的位置，轨迹和进给速度与用 G00 定位时相同
	Z	用增量值指定时是从 R 点到孔底的距离，用绝对值指定时是孔底的位置。进给速度在动作 3 中是用 F 指定的速度；在动作 5 中，根据孔加工状态的不同，为快速进给或用 F 指定的速度
	R	用增量值指定时是从初始点平面到 R 点的距离，用绝对值指定时是 R 点的位置。见 A28D2 参数说明。进给速度在动作 2 和动作 6 中都是快速进给
孔加工数据	Q	指定 G73、G83 中每次的切入量（增量值）
	P	指定在孔底的暂停时间。时间与指定数值的关系和用 G04 指定时相同
	F	指定切削进给速度
重复次数	L	用来指定动作 1～6 的重复次数。不指定 L 时，默认值为 1

说明

（1）一旦指令了孔加工状态，一直到指定其他固定循环代码或取消固定循环的 G 代码为止都不变化，所以连续进行同一孔加工状态时，不需要每个程序段都指定。

（2）取消固定循环的 G 代码为 G80 及 01 组的 G 代码。

（3）孔加工数据一旦在固定循环中被指定，便一直保持到程序结束为止，因此在固定循环开始时把必要的孔加工数据全部指定出来，在固定循环中只需指定可变更的数据。

（4）重复次数 L 只在需要重复时才指令。L 的数据不保持。

（5）在固定循环中，如果复位，则孔加工状态、孔加工数据、孔位置数据、重复次数均被消除。

例

上述保持数据和清除数据的实例如表 3-7 所示。

表 3-7　G17 指定的孔加工平面实例

顺序	数据的指定	说　明
①	G00 X－M3 S－;	启动主轴,X 定位
②	G81 X－ Y－ Z－ R－ F－ L－;	因为是开始,Z、R、F 要指定需要的值。用 G81 方式加工孔,重复 L 次。默认为 G98 状态
③	Y－;	因为和②中已指定的孔加工状态及孔加工数据全相同,所以 G81、Z、R、F 全可以省略。孔的位置移动 Y－,用 G81 方式加工孔,进行一次
④	G82 X－ P－ L－;	相对于③,孔的位置只在 X 轴方向移动。用 G82 方式加工,并用②中已指定的 Z、R、F 和④中指定的 P 为孔加工数据进行孔加工,重复 L 次
⑤	G80;	取消孔加工循环
⑥	G85 X－P－;	用 G85 方式加工,并用②中已指定的 Z、R、F。P 在此程序段中不需要,只是存起来
⑦	X－Z－;	与⑥的不同点:孔深由 Z 值重新指定,孔位置由 X 值重新指定
⑧	G89 X－Y－;	把⑦中已指定的 Z,⑥中已指定的 P 和②中指定的 R、F 作为孔加工数据,用 G89 方式进行孔加工
⑨	G01 X－ Y－;	取消孔加工循环

说明

固定循环次数(L)的作用如下。

L 可以指定同一循环加工等间隔孔的数量,也可指定在同一个位置重复进行孔加工的次数。L 的最大值为 99,只在被指定的程序段有效。

当 G91 指令了 X－Y－为增量值时,X－Y－指定从当前位置开始每一个孔位置的增量值。L－指定孔的数量;

当 G90 指令了 X－Y－为绝对值时,X－Y－指定孔的位置,L－指定在同一个位置重复进行孔加工的次数。

例

G91 G81 X－Y－Z－R－L5　F－;

在各动作的终点,减速结束后,转到下个顺序动作。

在 G98 方式中(返回到初始平面),当从孔底返回到 R 点平面是快速进给时(如 G81),中途不减速,一直快速返回到初始点平面。加工轨迹如图 3-32 所示。

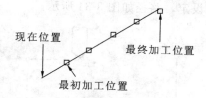

图 3-32　加工轨迹示意图

1. G73(高速深孔加工循环)

退刀量 d 用 D2 参数设定，Z 轴方向间歇进给，为使深孔加工容易排屑，退刀量可设定为微小量，这样可以提高效率。退刀是用快速进给移动的，Q 值的符号必须与 Z 值的符号一致。（A81 参数最后一位设为 1 时，默认 Q 值符号与 Z 值的符号一致）

2. G80(取消固定循环)

取消固定循环(G73、G81～G89)，以后按通常动作加工。

3. G81(钻孔循环,点钻循环)

┃**指令格式**━━━▶

G81 X－Y－Z－R－F－L－；

4. G82(钻孔循环,镗阶梯孔循环)

G82 和 G81 相同，只是在孔底暂停后上升。由于在孔底暂停，在盲孔加工中，可提高孔深的精度。路径如图 3-33 所示。

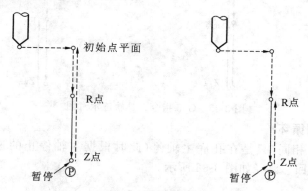

图 3-33　G82 指令刀具运行轨迹示意图

┃**指令格式**━━━▶

G82 X－Y－Z－R－P－L－F－；

5. G83(深孔加工循环)

┃**指令格式**━━━▶

G83 X－Y－Z－Q－R－F－；

按上述格式指令：Q 为每次的切入量，通常用增量值指令；当第二次及以后切入时，先快速进给到距刚加工完位置 d 处，然后变为切削进给；Q 值的符号必须与 Z 值的符号一致;d 用 D3 参数设定。路径如图 3-34 所示。

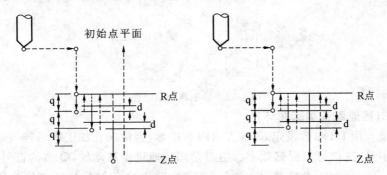

图 3-34　G83 指令刀具运行轨迹示意图

6. G85(粗镗循环)

指令格式

G85 X－Y－Z－R－F－L－;

路径如图 3-35 所示。

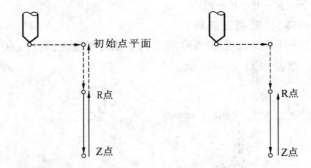

图 3-35　G85 指令刀具轨迹示意图

7. G86(镗削循环)

G86 和 G81 相同,只是在孔底主轴停(此时根据主轴停止的速度加入暂停时间),然后快速返回。路径如图 3-36 所示。

指令格式

G86 X－Y－Z－R－P－L－F－;

8. G89(镗孔循环)

G89 与 G85 相同,但在孔底进行暂停。

指令格式

G89 X－Y－Z－R－P－F－L－;

路径如图 3-37 所示。

9. 攻丝固定循环编程功能

攻丝循环 G84 和左旋攻丝循环 G74 可以在弹性攻丝或刚性攻丝方式中执行。

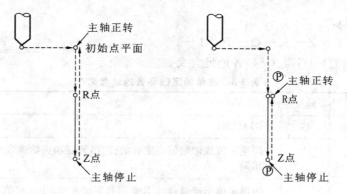

图 3-36　G86 指令刀具轨迹示意图

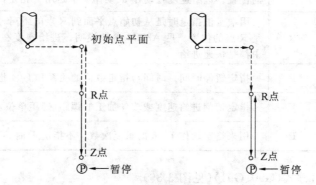

图 3-37　G89 指令刀具轨迹示意图

用 A90 参数决定系统工作于弹性攻丝方式或刚性攻丝方式。CASNUC 2000MA 数控系统 v2.0 版软件同时支持弹性攻丝和刚性攻丝功能。

在弹性攻丝方式中,为执行攻丝循环过程,使用辅助功能 M03(主轴正转)、M04(主轴反转)和 M05(主轴停止)使主轴旋转停止,并沿着攻丝轴移动。

在刚性攻丝方式中,用主轴电动机控制攻丝循环过程。主轴每旋转一周便沿攻丝轴产生一个螺纹导程的距离。刚性攻丝方式不用弹性攻丝方式中使用的浮动丝锥卡头。

攻丝固定循环(G74、G84)的动作组成如图 3-38 所示。

动作 1:孔位定位(仅限 X、Y 轴);

动作 2:快速进给到 R 点;

动作 3:孔加工;

动作 4:孔底的动作;

动作 5:退回到 R 点;

动作 6:快速进给到初始点平面。

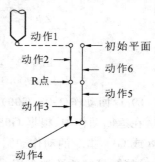

图 3-38　攻丝固定循环的动作顺序

指令格式

G－X－ Y－ Z－ R－ Q－ P－ L－;

攻丝固定循环(G74、G84)各地址含义如表 3-8 所示。

表 3-8 攻丝固定循环各地址含义

指定内容	地址	说 明
孔加工状态	G	G74、G84
孔位置数据	X、Y	用绝对值或增量值指定孔的位置,轨迹和进给速度与用 G00 定位时相同
	Z	用增量值指定时是从 R 点到孔底的距离,用绝对值指定时是孔底的位置。进给速度在动作 3、动作 5 中是用 F 指定的速度
孔加工数据	R	用增量值指定时是从初始点平面到 R 点的距离,用绝对值指定时是 R 点的位置。见 A28D2 参数说明。进给速度在动作 2 和动作 6 中都是快速进给
	P	指定暂停时间。时间与指定数值的关系和 G04 指定时相同
速度/螺距	F	指定切削进给速度或攻丝加工的螺距(螺距单位:mm)
重复次数	L	用来指定动作 1~6 的重复次数。不指定 L 时,默认值为 1

1) 数据给出方式(G90、G91)(见图 3-39)

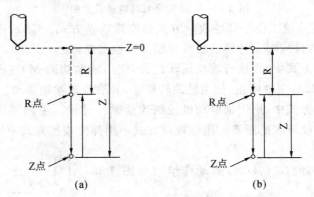

图 3-39 攻丝固定循环的绝对值指令和增量值指令

(a) G90(绝对值指令) (b) G91(增量值指令)

2) 返回动作(G98、G99)

在返回动作中,根据 G98 或 G99,可以使刀具返回到初始点平面或 R 点平面。G98 或 G99 指令的动作如图 3-40 所示。

通常,最初的孔加工用 G99,最后的孔加工用 G98。用 G99 状态加工孔时,初始点平面也不变化。

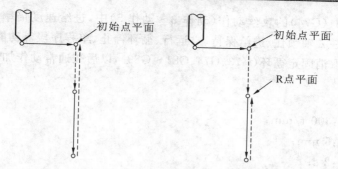

图 3-40　G98、G99 指令动作示意图

3）G74（反向攻丝固定循环）（见图 3-41）

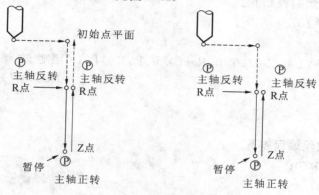

图 3-41　G74 指令动作示意图

4）G84（攻丝固定循环）（见图 3-42）

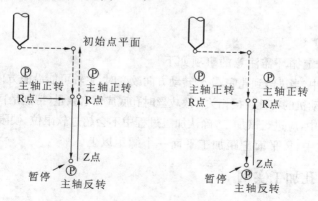

图 3-42　G84 指令动作示意图

说明

（1）沿 X 轴和 Y 轴定位后执行快速移动到 R 点；

（2）从 R 点到 Z 点执行攻丝，当攻丝完成时主轴停止并执行暂停；

（3）主轴以相反方向旋转刀具退回到 R 点，然后执行快速移动到初始位置；

(4) 在 G84(G74)的攻丝动作(动作 3～动作 5)中,进给速度倍率无效(固定为 100),机床锁住、Z 轴锁住、进给保持、空运行、循环停止、单程序段等功能无效;

(5) G80 取消固定循环(G73、G74、G81～G89),以后按通常动作加工。

 例

主轴速度:300 r/min;

螺纹导程:5 mm;

孔底暂停:2 s;

孔深:100 mm。

(1) 刚性攻丝编程如下。

G92 X0 Y0 Z0;

M03 S300;

G84 X100 Y100 Z—100.0 R—20.0 F5000 P2;(刚性攻丝,参数 A90 ＝
00000001)

G80;

M30;

(2) 弹性攻丝编程如下。

G92 X0 Y0 Z0;

M03 S300;

G84 X100 Y100 Z—100.0 R—20.0 F1500 P2;(弹性攻丝,参数 A90 ＝
00000000)

G80;

M30;

(3) 攻丝固定循环需注意的事项如下。

● 攻丝过程中,当进给到孔底,主轴转动方向改变时,主轴可能沿原方向继续转动(转动量与主轴伺服电动机的特性直接相关),故攻丝时孔底应留有余量(特别是盲孔攻丝时)。

● 攻丝过程中,应进行试加工,确认加工过程中不会超过软限位、硬限位、急停限位。

● 攻丝过程中,R 平面应距加工平面一个螺距以上。

3.11.5 孔加工实例

 例

盘类工件(45 钢)进行孔加工,成品件尺寸为 100 mm×100 mm×30 mm,台阶深 25 mm(已加工),所有孔均已粗加工。工件图样如图 3-43 所示。

程序如下。

O0001(镗孔 φ20H9)

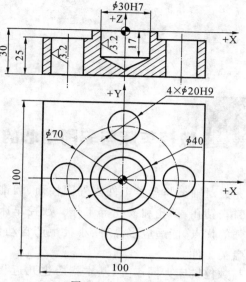

图 3-43 工件图样

N10 G54 G49 G69 G17 G40 G16 G80 G90 G21 G94；

N20 G00 G49 Z100 H01；

N30 Z0 M03 S480；

N40 M08；

N50 G85 G98 X35 Y0 Z−31 R−2 F38；

N60 Y90；

N70 Y180；

N80 Y270；

N90 G15 G80 G00 Z100；

N100 M05 M09；

N110 M30；

O0002（镗孔 φ30H7）

N10 G54 G49 G69 G17 G40 G80 G90 G21 G94；

N20 G00 G49 100 H02；

N30 Z10 M03 S550；

N40 M08；

N50 G84 G98 X0 Y0 Z−17 R3 F40；

N60 G80 G00 Z100；

N70 M05 M09；

N80 G91 G28 Z0；

N90 M30；

第4章 数控车床与车削中心的编程 >>>>>>

    数控车床能自动完成对轴类与盘类工件内外圆柱面、圆锥面、圆弧面、螺纹等的切削加工,并能进行切槽、钻孔、扩孔和铰孔等工作。数控车床具有加工精度稳定性好、加工灵活、通用性强等优点,能适应多品种、小批生产自动化的要求,特别适合加工形状复杂的轴类或盘类工件。

    数控车床的编程与数控铣床大同小异,基本指令也几近相同。但由于数控铣床是刀具旋转,数控车床是工件旋转,二者的切削原理不同,因此数控车床在编程方面也有它自己的特点。

    本章以北京航天数控系统有限公司的 CASNUC 2000TA 数控系统为例,介绍车床编程的相关方法及各功能指令等。

4.1 概　　述

4.1.1 数控机床操作流程

1. 操作流程

当使用数控机床加工工件时,首先要编制程序,然后用程序控制数控机床的运行。其流程如图 4-1 所示。

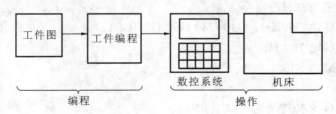

图 4-1　数控机床操作流程

(1) 根据要加工工件的工件图编制程序。

(2) 将程序输入数控系统中,安装工件和刀具,准备加工。

编程使用数控语言对工件轮廓进行描述,同时再加上对主轴、刀具、冷却装置等相关部件的控制命令。实际加工时,程序控制刀具沿工件外形移动。

2. 加工计划

在实际编程前,制定工件的加工计划。

(1) 确定工件的加工范围。

(2) 在机床上装夹工件的方法。

(3) 每一切削过程中的加工顺序。

(4) 切削刀具和切削条件。

确定每一切削过程中的切削方法,如表 4-1 所示。

表 4-1 确定切削方法

切削工序	1	2	3
	端面切削	外径切削	开槽
切削方法	粗加工		
	半精加工		
	精加工		
切削刀具			
切削条件	进给速度		
	切削深度		
刀具轨迹			

每次切削都要根据工件图编制刀具轨迹的程序并决定切削条件,刀具轨迹如图 4-2 所示。

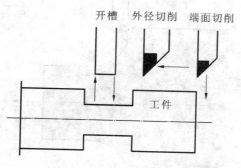

图 4-2 刀具轨迹示意图

 注意

数控机床系统的功能不仅取决于数控系统,而且还取决于机床、强电柜、伺服系统、数控系统以及操作面板等部分的组合。要说明全部组合的功能编程和操作是很复杂的,本章只从数控系统的角度予以说明。

4.1.2 插补

插补是指加工时,使刀具沿着构成工件外形的直线和圆弧移动的操作。

1. 刀具沿直线移动

(1) 刀具沿平行于 Z 轴的直线运动如图 4-3 所示。

┃指令格式┃➤

G01 Z—;

(2) 刀具沿锥度运动如图 4-4 所示。

┃指令格式┃➤

G01 X— Z—;

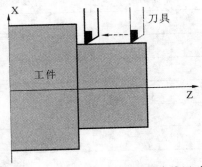

图 4-3 刀具沿平行于 Z 轴的直线运动

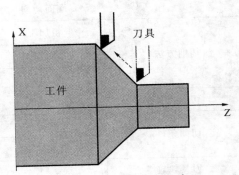

图 4-4 刀具沿锥度运动

2. 刀具沿圆弧运动

刀具沿圆弧运动如图 4-5 所示。

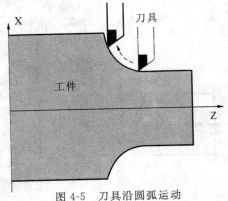

图 4-5 刀具沿圆弧运动

┃指令格式┃➤

G02X— Z— R—;

或

G03X—Z—R—;

编程指令 G01、G02、G03 等称为准备功能,并规定控制装置中执行的插补类型。插补功能如图 4-6 所示。

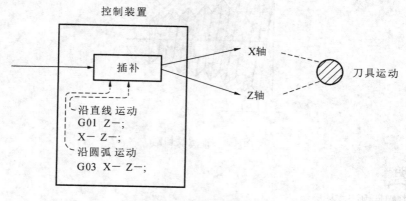

图 4-6 插补功能

说明

某些机床是工作台移动而不是刀具移动,但在本章中统一假定刀具相对于工件移动。

3. 螺纹切削

刀具的移动与主轴回转同步运动能够切削螺纹,在程序中用 G32 指令螺纹切削功能。

(1) 直螺纹切削如图 4-7 所示。

指令格式

G32 Z— F—;

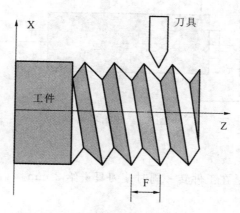

图 4-7 直螺纹切削

(2) 锥螺纹切削如图 4-8 所示。

指令格式

G32 X— Z— F(I)—;

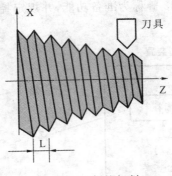

图 4-8　锥螺纹切削

图中螺距用 L 表示。

公制螺纹:L＝F;

英制螺纹:L＝1/T。

4.1.3　进给

为切削工件,刀具以指定的速度移动称为进给。可以用实际数值指定进给速度。指定进给速度的功能称为进给功能,如图 4-9 所示。

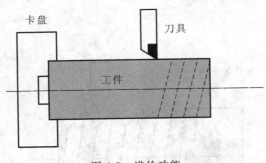

图 4-9　进给功能

下面的指令含义是在工件转一周时使刀具进给 2 mm。

G95 F2;

4.1.4　工件图纸和刀具运动

1.参考点(机床上的特定位置)

一台数控机床设定一个特定位置,通常在这个位置进行换刀和设定编程的绝对零点,这个位置叫做参考点,如图 4-10 所示。

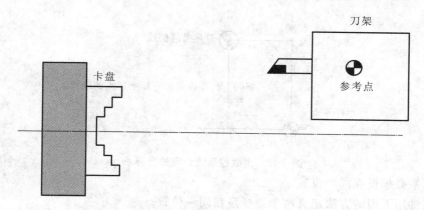

图 4-10　参考点位置示意图

2. 工件图坐标系和数控系统指定的坐标系

1）工件图纸上的坐标系

在工件图纸上设定坐标系，该坐标系上的坐标值用作编程数据，如图 4-11 所示。

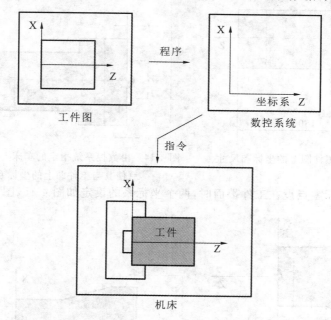

图 4-11　工件图坐标系

2）由数控系统设定的坐标系

该坐标系在实际机床工作台上设定，用程序编制从刀具当前位置到要设定的坐标系零点的距离设定该坐标系，如图 4-12 所示。

按照工件图纸上的坐标系编制的程序指令，刀具在数控系统设定的坐标系中移动，将工件切成图纸指定的形状。因此，为了正确地把工件切成图纸指定的形状，两

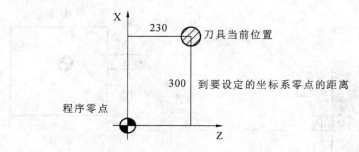

图 4-12　由数控系统设定的坐标系

个坐标系必须设在同一位置。

通常用下面的方法定义两个坐标系在同一位置。

（1）当坐标零点设在卡盘端面的时候，两个坐标系的设定如图 4-13、图 4-14 所示。

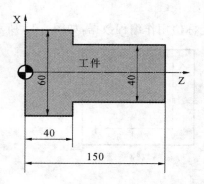

图 4-13　工件图上的坐标和尺寸

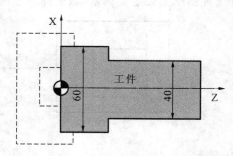

图 4-14　由数控系统指定的车床上的坐标系
（使其与工件图上的坐标系重合）

（2）当坐标零点设在工件端面时，两个坐标系的设定如图 4-15、图 4-16 所示。

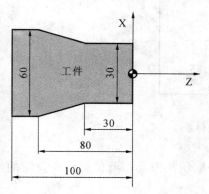

图 4-15　工件图上的坐标和尺寸

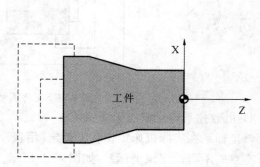

图 4-16　由数控系统指定的车床上的坐标系
（使其与工件图上的坐标系重合）

4.1.5 刀具移动指令的表示方法

移动刀具的指令可以用绝对值或增量值表示。

1. 绝对值指令

绝对值指令使刀具移动到距坐标系零点某一距离的点,即刀具移动到指令坐标值的位置,如图 4-17 所示。

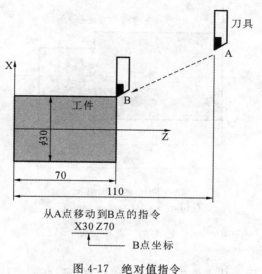

图 4-17 绝对值指令

2. 增量值指令

指令刀具从前一个位置到下一个位置的移动位移量,如图 4-18 所示。

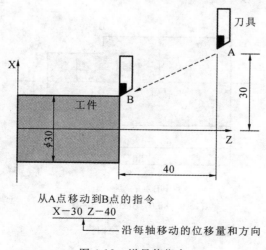

图 4-18 增量值指令

3. 直径编程/半径编程

X 坐标可按直径或半径指定。不同的机床可以使用不同的指令方法：直径编程或半径编程。

1）直径编程

在直径编程中，指令图纸上的直径值作为 X 轴的值，如图 4-19 所示。

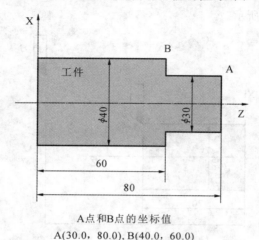

A点和B点的坐标值

A(30.0，80.0)，B(40.0，60.0)

图 4-19　直径编程

2）半径编程

在半径编程中，指令从工件中心至外表面的距离，亦即半径值作为 X 轴的值，如图 4-20 所示。

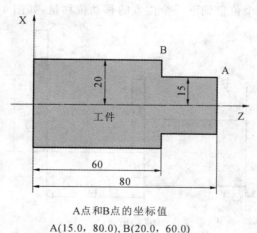

A点和B点的坐标值

A(15.0，80.0)，B(20.0，60.0)

图 4-20　半径编程

4.1.6 主轴速度功能

切削工件的时候,刀具相对于工件的移动速度称为切削速度。

对于数控系统,切削速度可以用主轴速度(单位:r/min)指令。

当以 300 m/min 的切削速度加工一个直径为 200 mm 的工件时,由

$$N = 1000 \, V/\pi D$$

得到主轴速度约为 478 r/min。因此指令如下:

S478;

指定主轴速度的指令功能称为主轴速度功能。

切削速度 V(mm/min)也可以直接用速度值规定。

如工件直径发生变化,数控系统通过改变主轴速度使切削速度保持恒定,这一功能叫做恒表面切削速度控制功能。

4.1.7 刀具功能

当进行切削等加工时,必须选择适当的刀具。为每把刀具编号,在程序中指令不同的编号时,就选择相应的刀具。

将粗加工刀编号为 01,当这把刀放在刀架的 01 号位时,可用指令 T0101,选择这把刀具。

该功能称为刀具功能。

4.1.8 辅助功能

当开始实际加工时,需要旋转主轴,供给冷却液,为此,需要控制主轴电动机和冷却泵的启停。

指令机床部件启停操作的功能叫做辅助功能,通常用 M 代码指令。

例如,当指令 M03 时,主轴以指令的主轴速度沿顺时针方向旋转。

4.1.9 程序结构

为运行机床而送到数控系统的一组指令称为程序。在程序中,以刀具实际移动的顺序指定各功能指令。

程序是由一系列加工的程序段组成的。用于区分每个程序段的编号叫做顺序号,用于区分每个程序的编号叫做程序号。

程序段和程序的构成如下。

1. 程序段(见图4-21)

一个程序段以可识别程序段的顺序号开始,以程序段结束符号结束。本书用";"表示程序段结束(在 ISO 代码中为 LF 在 EIA 代码中为 CR)。

一个程序段

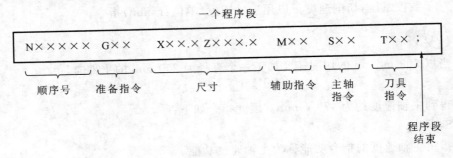

图 4-21　程序段构成

2. 程序(见图4-22)

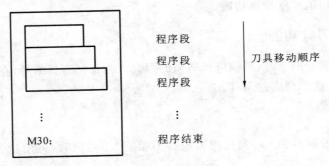

图 4-22　程序构成

4.1.10　刀具长度补偿功能

通常,加工一个工件要用几把刀。刀具有不同的长度,要改变程序来适应刀具非常麻烦。因此,应当预先测量要用的每一把刀的长度。把每一把刀的刀长和标准刀长的差设置在数控系统中,这样,在刀具长度发生变化时进行相应补偿,不改变程序也能完成加工。这一功能叫做刀具长度补偿功能。

4.1.11　行程检查

机床每个轴的两端装有限位开关,以防止刀具移出端点之外。刀具能移动的范围称为行程,如图4-23所示。除了用限位开关决定行程之外,还可用软限位数据定义刀具不能进入的区域,该功能称为行程检查。

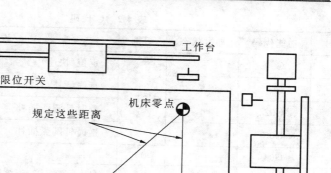

刀具不能进入这个区域,该区域是由存储器中的数据或者程序规定的

图 4-23 刀具运行行程

4.2 工件加工程序

工件加工程序是由若干程序段组成的;程序段则是由若干个指令字组成,程序段以字符";"结束(后面需换行)。每个指令字都由指令地址和数值组成。整个工件加工程序以"%"结束。

工件加工程序段示例如下。

N100 G01 X10 Z-20 F150;

N100:程序段顺序号,简称"N 号"。N 号可用于:① 自动执行程序前检索 N 号,可从某 N 号开始执行加工程序;② 程序内部调用的标志。为了方便读程序,如果没有以上需要,N 号可以省略。

G01:准备功能代码。G01 可以缩写成 G1。

X10(Z-20):指令执行后的终点位置坐标值(10,-20),单位为 mm。

F150:进给速度 150 mm/min。

4.3 准备功能(G 代码)

跟在地址 G 后面的数字决定了该程序段的指令的意义。G 代码分为两类:

非模态 G 代码:G 代码只在指令它的程序段中有效。

模态 G 代码:在指令同组其他 G 代码前该 G 代码一直有效。

G 代码功能说明如表 4-2 所示。

表 4-2 G 代码

序号	功能代码	加电状态	组别	说　明
1	G00			定位（快速）
2	G01	▼	01	直线插补：直线和倒角
3	G02			顺时针圆弧插补
4	G03			逆时针圆弧插补
5	G04		00	暂停
6	G32		01	公/英制螺纹、连续螺纹、收尾螺纹
7	G40	▼		刀尖半径补偿撤销
8	G41		07	刀尖半径左补偿
9	G42			刀尖半径右补偿
10	G70		00	精车循环
11	G71		00	粗车循环
12	G72		00	端面粗车循环
13	G73		00	封闭切削循环
14	G74		00	端面深孔钻循环
15	G75		00	外/内径切槽循环
16	G76		00	公/英制螺纹复循环：直螺纹、锥螺纹、收尾螺纹
17	G77			单一外径切削循环（A）
18	G78			公/英制螺纹单循环：直螺纹、锥螺纹、收尾螺纹
19	G79		00	单一端面切削循环（B）
20	G80		00	外圆循环
21	G81		00	端面循环
22	G87		00	公/英制多头螺纹：直螺纹、收尾螺纹
23	G50		00	坐标系设定
24	G90	▼	03	绝对值编程
25	G91		03	增量值编程
26	G93			攻丝循环
27	G94	▼	05	每分钟进给
28	G95		05	每转进给
29	G96		02	表面恒线速控制
30	G97		02	表面恒线速撤销

注：(1) 00 组中的 G 代码是非模态 G 代码，其他组中的 G 代码为模态 G 代码；

(2) 带有▼记号的 G 代码为各组默认的 G 代码，即在接通电源或按下【复位】按钮后，此 G 代码有效。

4.4 辅助功能(M 代码)

M 代码的数值最大为 2 位数,范围为 0~99,共 100 种。M 代码对强电的控制功能由机床厂家自行定义。以下是基本的 M 代码及其功能说明。

M00:程序暂停。

M02:循环执行指令。用以返回到加工程序的起始处继续循环执行。

M30:用以返回到加工程序的起始处。

M98:子程序调用指令。

M99:子程序返回指令。在主程序中执行 M99,返回到加工程序的起始处继续循环执行。

M03:主轴正转启动。

M04:主轴反转启动。

M05:主轴停止转动。

M08:冷却液启动。

M09:冷却液停止。

M41~M44:主轴挡位控制。

4.5 主轴功能、进给功能和刀具功能

4.5.1 主轴功能

主轴功能 S 控制主轴的转速,其后的数值表示主轴的速度。主轴转速的单位由 G96、G97 来设定。

● 采用 G96 编程时,为恒切削线速度控制,S 后的数值表示切削线速度,单位为 m/min。

● 采用 G97 编程时,取消恒切削线速度控制,S 后的数值表示主轴转速,单位为 r/min。

采用 G96 编程时,一般有最高主轴转速限制,如设定超过了最高转速,则按最高转速执行。

使用操作面板上的主轴倍率开关,可以使指定的主轴转速在一定范围内成倍调整。

4.5.2 进给功能

进给速度 F 指令表示加工工件时刀具相对于工件的合成进给速度,单位由 G94、G95 来设定。

● 采用 G94 编程时,F 后面的数值为每分钟的进给量(单位:mm),如 F1000 表示

1000 mm/min,进给速度设定范围为 1~99999 mm/min。

● 采用 G95 编程时,F 后面的数值表示主轴每转一周,系统在进给方向的进给量(单位:mm),范围为 0.001~65.000 mm/r。

使用公式 $f_m = f_r \times S$ 可以实现每转进给量与每分钟进给量的转化。

其中:f_m——每分钟进给量;

f_r——每转进给量;

S——主轴转数。

● 当工作在 G01、G02、G03 方式时,编程的 F 值一直有效,直到被新的 F 值所取代为止。

● 当工作在 G00 方式时,快速定位的速度是各轴的最高速度,与所指定的 F 值无关。

使用控制面板上的倍率开关,可以使 F 值在一定范围内成倍调整。当执行攻丝循环和螺纹切削时,倍率开关失效,进给倍率固定为 100%。

4.5.3　刀具功能

刀具功能 T 指令是非模态指令,其后数值可为 2 位数或 4 位数(由系统参数 D146 指定),分别表示选择的刀具号和刀具补偿号。

若 T 指令数值为 2 位数,则前一位为刀具号,后一位为刀具位置偏置量补偿号。前一位为 0 表示不换刀,按后一位指定的刀具偏移数据进行刀具偏移补偿;后一位为 0 表示取消刀具偏移。此时,若 T 指令数值只有一位,则只执行换刀,不进行刀具偏移。

若 T 指令数值为 4 位数,则前两位为刀具号,后两位为刀具位置偏置量补偿号。前两位为 00 表示不换刀,按后两位指定的刀具偏移数据进行刀具偏移补偿;后两位为 00 表示取消刀具偏移。此时,若 T 指令数值只有两位数,则只执行换刀,不进行刀具偏移。

在接通电源时或按了控制面板上的【复位】按钮时,刀具偏移被取消。

4.6　坐标系的设定

设定工件坐标系用 G50 指令。执行该指令时机床不移动,显示设定值。

指令格式

G50 X— Z—;

X、Z 为设定的坐标值,即设定的工件坐标系原点到对刀点的有向距离。

利用上述指令就确立了工件坐标系。而在实际操作中,利用坐标系设定对刀较麻烦,现一般采用直接对刀方式加工。

4.7 进给控制指令

4.7.1 绝对值指令和增量值指令

1. G90

绝对值指令。采用绝对值指令 G90 编程,是用各轴移动的终点位置的坐标值进行编程的方法。

2. G91

增量值指令。采用增量值指令 G91 编程,是用各轴移动量的值直接编程的方法。也可用 X 轴增量坐标 U 和 Z 轴增量坐标 W 编程。

N100 G91 G1 X100 Z200 F1000;

等同于

N100 G1 U100 W200 F1000;

4.7.2 进给控制指令 G 代码

1. 快速定位(G00)

G00 为模态指令,可缩写为 G0。

指令格式

N— G00 X(U)— Z(W)— S— T— M—;

N:顺序号。由 N 及其后 1~4 位数字组成,顺序号可以省略;

X、Z:为绝对值,指令终点位置的坐标;

U、W:为增量值,指令刀具移动的距离;

S、T、M:主轴、刀具和辅助功能,根据需要指定。

G00 的定位速度由机床参数对各轴分别设定,不能用进给速度指令 F 来设定。X 轴定位,按 F57 参数指定的速度移动;Z 轴定位,按 F59 参数指定的速度移动。执行 G00 指令时,可由控制面板上的进给倍率调整定位速度。

G00 一般用于加工前快速定位趋近加工点或加工后快速退刀,以缩短加工辅助时间,但不能用于加工过程。

若为两轴同时定位,刀具以各轴独立的速度定位。这种情况下,通常刀具的轨迹是先联动后单动,运行轨迹一般不是直线,如图 4-24 所示。

程序段中既有坐标移动指令又有 S、T、M 指令时,先执行 S、T、M 指令,后执行坐标移动指令。

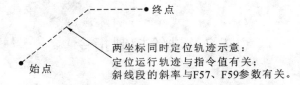

两坐标同时定位轨迹示意：
  定位运行轨迹与指令值有关；
  斜线段的斜率与F57、F59参数有关。

图 4-24　G00 指令的坐标轨迹示意图

（直径编程）

G00 X40 Z56；

或

G00 U－60 W－30.5；

程序运行轨迹如图 4-25 所示。

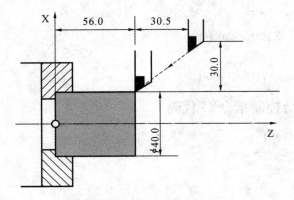

图 4-25　程序运行轨迹示意图

2.直线插补(G01)

G01 为模态指令,可缩写为 G1。

|指令格式

N— G01 X(U)— Z(W)— F— S— T— M—；

X、Z:为绝对值,指令终点位置的坐标。

U、W:为增量值,指令刀具移动的距离和方向。

F:进给速度。F 指定的值若大于 F59 参数,系统自动按 F59 参数指定的速度进给。

S、T、M:主轴、刀具和辅助功能,根据需要指定。

程序段中既有坐标移动指令又有 S、T、M 指令时,先执行 S、T、M 指令,后执行坐标移动指令。

G01 指令执行时,进给倍率可调整进给速度。

G01 指令的运行轨迹示意如图 4-26 所示。

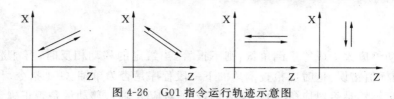

图 4-26 G01 指令运行轨迹示意图

（直径编程）

G01 X40 Z20.1 F20；

或

G01 U20 W−25.9 F20；

如图 4-27 所示。

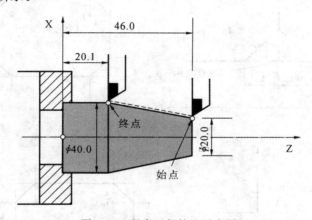

图 4-27 程序运行轨迹示意图

3. 带倒角的直线插补（G01）

加工 45°倒角是直线插补中的特例，它由两条连续的 G01 指令组成。

指令格式

$$
\begin{cases}
\text{N— G01 X(U)—K±k F—；} \\
\text{N— G01 Z(W)—；}
\end{cases}
\quad（注：W≥K）
$$

或

$$
\begin{cases}
\text{N— G01 Z(W)—I±i F—；} \\
\text{N— G01 X(U)—；}
\end{cases}
\quad（注：U≥2I）
$$

因为有倒角，G01 的指令格式有变化，此时 G01 指令的移动只能是 X 轴或 Z 轴中的一个轴，而倒角的距离（即另一个坐标移动的距离）分别用字母 I 或 K 来表示（I、K 值应小于 65 mm），并且在下一个程序段中，必须指令与其成直角的 Z 轴或 X 轴中的一个轴移动，且 Z 轴或 X 轴的移动量应大于或等于倒角量（应注意 X 轴为直径值时的移动量）。否则数控系统会产生报警，报警号为 54。

若移动量应大于或等于倒角量,则不报警,当给定的移动相反时,可能造成不报警,但是坐标值错误,这时应检查倒角的下一段程序是否为单轴、G01 指令、与倒角程序指定的坐标轴是否对应(X 轴对应 Z 轴,Z 轴对应 X 轴)、移动量是否正确。

图 4-28 所示倒角示意程序:

N— G01 X(U)b K±k F—;

图 4-29 所示倒角示意程序:

N— G01 Z(W)b I±i F—;

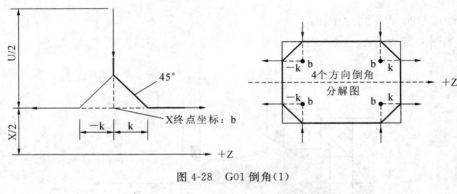

图 4-28 G01 倒角(1)

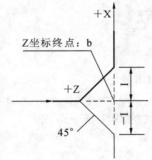

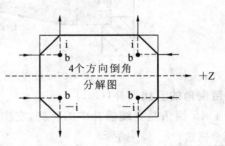

图 4-29 G01 倒角(2)

N10 G01 X(U)b K±k F—;

N20 Z(W)—;

其中 b 为 X 轴终点坐标,±k 为 Z 轴倒角的方向和尺寸。

当然,N10 后面跟的程序也可继续倒角,例如 N20 程序段可换成:

N20 Z(W)b I±i;

其中 b 为 Z 轴终点坐标,±i 为 X 轴倒角的方向和尺寸。

在下一个程序段中,再将 K 值填到指令地址 Z 中。

4. 圆弧插补（G02、G03）

G02、G03 为模态指令，可缩写为 G2、G3。

指令格式

$$\begin{Bmatrix} G02 \\ G03 \end{Bmatrix} X(U) - Z(W) - R - F - ;$$

G02：顺时针方向圆弧插补；

G03：逆时针方向圆弧插补；

X、Z：为绝对值，指令终点位置的坐标；

U、W：为增量值，指令刀具移动的距离；

R：为圆弧半径，取值范围为 R>0；

F：为沿圆弧切线方向的进给速度。

说明

（1）G02、G03 只能指令两个象限之内的圆弧。超过两个象限的圆弧，必须用两条指令实现（车床中两个象限可以加工一个整圆，用同一把刀具加工超过两个象限的圆弧，一般会产生干涉）。

（2）进给速度：设定为每分钟进给时单位为 mm/min，设定为每转进给时单位为 mm/r。

（3）G02、G03 指令执行时，进给倍率可调整进给速度。

（4）如果程序终点不在圆弧上，或程序始点到终点超过两个象限，执行程序时系统提示"圆弧指令错"。

G02、G03 的运行轨迹如图 4-30 所示。左边两个图形为斜床身车床圆弧轨迹视图，右边两个图形为平床身车床圆弧轨迹视图。

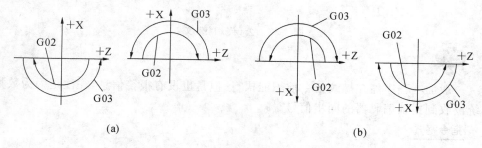

图 4-30 G02、G03 的运行轨迹图

(a) 斜床身车床，顺时针为 G02，逆时针为 G03 (b) 平床身车床，逆时针为 G02，顺时针为 G03

 例

（直径编程）

G02 X50 Z30 R25 F20；

或

G02 U20 W−20 R25 F20；

如图 4-31 所示。

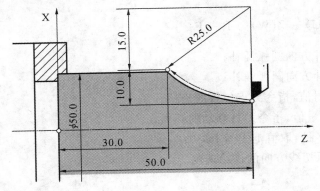

图 4-31　程序运行轨迹示意图

5. 螺纹切削(G32)

G32 指令是模态指令,可以加工公(英)制直螺纹、锥螺纹、端面螺纹、连续螺纹。公(英)制螺纹如图 4-32 所示。

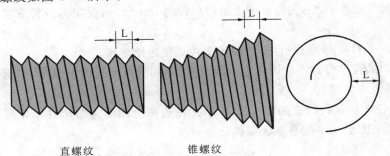

直螺纹　　　　　锥螺纹

图 4-32　公(英)制螺纹

一般加工程序停在螺纹指令前不能执行,但是也没有报警信息,往往是因为数控系统没收到主轴编码器的同步信号。

指令格式

N— G32 X(U)— Z(W)— F(I)—；

X、Z:为绝对值,指令终点位置的坐标；

U、W:为增量值,指令刀具移动的距离；

F:公制螺纹导程,单位为 mm,范围为 0.001~65.000；

I:英制螺纹导程,单位为牙/英寸,范围为 0.650~65.000；

如果是锥螺纹,导程指长轴上的导程,如图 4-32 所示。

1) 公(英)制直螺纹加工

指令格式

G32 Z(W)— F(I)—;

G32 Z— F(I)—;为绝对值编程。

G32 W— F(I)—;为增量值编程。

其加工方法如图 4-33 所示。

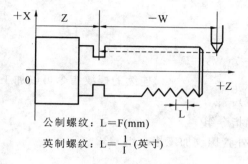

图 4-33 直螺纹加工

2) 公(英)制锥螺纹加工

指令格式

G32 X(U)— Z(W)— F(I)—;

X、Z:指定本程序段终点坐标;

U、W:指定本程序段始点到终点的距离与方向;

F(I):表示长轴方向的公制(英制)螺纹导程;

锥角应小于 90°(半角小于 45°,即|0.5U|＜|W|)。

其加工方法如图 4-34 所示。

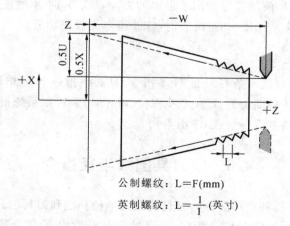

图 4-34 锥螺纹加工

3）端面螺纹加工

指令格式

G32 X(U)— F(I)—；

X(U)：为直径指定螺纹终点；

F(I)：为径向公制（英制）螺纹导程。

螺纹深度由前一Z轴的坐标位置决定。

4）连续螺纹加工

指令格式

N— G32 X(U)—Z(W)—F—；

N—Z(W)—F—；　　　　　连续的螺纹指令可以加工连续螺纹

N—X(U)—Z(W)—；

5）收尾螺纹切削指令组

指带回退动作的外管螺纹加工指令组G32。

指令格式

{ G32 X(U)—Z(W)—R—P —F(I)—；
{ G01 (00) X(U)—F—；

X、Z：绝对值，指令终点位置的坐标；

U、W：增量值，指令刀具移动的距离；

P：回退角度（范围为 0～80），P＝0 或缺省时，G32 指令无收尾功能。

F：公制螺纹导程，单位为 mm；

I：英制螺纹导程，单位为牙/英寸；

R：X 坐标开始向正向回退时，Z 轴坐标距螺纹结束坐标的距离。此时，刀具沿 P 指定的角度退出。R 值的符号指出了退尾的方向，R＞0，向 X 轴正方向退尾；R＜0，向 X 轴负方向退尾。当 R＝0 或缺省时，G32 指令无收尾功能。

G32 指令后必须跟一条 G00 或 G01 指令，且必须指令 X 轴单轴移动，移动方向与退尾方向一致，其移动值为 $|U|$（ $2\times|R|\times\tan(p)$）。否则系统报警，报警号为 54，报警提示为"回退错"（管螺纹、G01 倒角）。

4.8　C 刀具圆弧半径指令

数控车床的刀具补偿功能分为刀具的圆弧半径补偿和刀具的几何补偿。刀具的圆弧半径补偿由 G40、G41、G42 指定，刀具的几何补偿由 T 指令指定。在这里只详细介绍刀具的圆弧半径补偿指令。

若用带有圆角的刀具加工,在切削锥面或圆弧时,为切出正确的工件,需进行刀具半径补偿,有刀具半径补偿与无刀具半径补偿的刀具轨迹对比如图 4-35 所示。补偿指令为 G40、G41、G42。G40、G41、G42 为模态 G 代码。

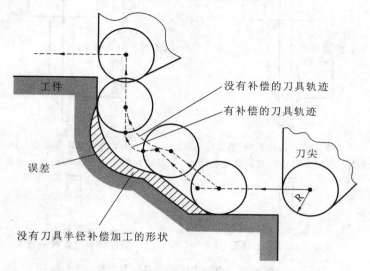

图 4-35　有补偿与无补偿的刀具轨迹示意图

1. 假想刀尖

加工程序的编制以刀尖圆弧的中心为基准,把刀尖圆弧 R 的中心对准出发位置或者某一基准位置是相当困难的,而用假想刀尖对准出发位置或者某一基准位置要容易得多。当使用假想刀尖时,编写加工程序时不需要考虑刀尖半径。

假想刀尖就是图 4-36 中的 A 点。把转塔中心对准出发点时,刀尖中心与假想刀尖的关系如图 4-37所示。

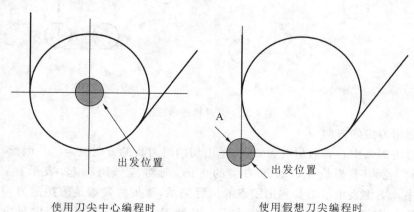

图 4-36　两种不同的刀尖位置

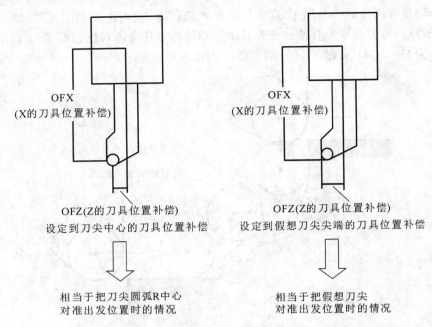

OFX
(X的刀具位置补偿)

OFZ(Z的刀具位置补偿)
设定到刀尖中心的刀具位置补偿

相当于把刀尖圆弧R中心
对准出发位置时的情况

OFX
(X的刀具位置补偿)

OFZ(Z的刀具位置补偿)
设定到假想刀尖尖端的刀具位置补偿

相当于把假想刀尖
对准出发位置时的情况

图 4-37　两种不同的刀具位置补偿

2. 把刀尖圆弧 R 中心对准出发点的情况

如果不进行刀尖圆弧半径补偿，那么刀尖圆弧中心轨迹与编程轨迹相同（见图 4-38（a））；如果进行刀尖圆弧半径补偿，不会产生切削不足或过切现象（见图 4-38（b））。

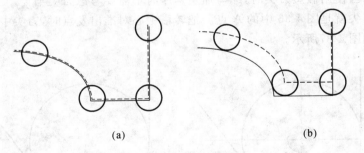

(a)   (b)

图 4-38　刀具轨迹示意图

3. 假想刀尖的方向

从刀尖圆弧中心看假想刀尖方向，是由切削时刀具的方向决定的。因此，它与补偿量一样，必须事先设定。假想刀尖的方向，与对应号码一起，表示在图 4-39、图 4-40中。图中表示了刀具和出发点的位置关系，箭头的尖端是假想的刀尖。假想刀尖 0 及 9，在刀尖圆弧中心与出发点重合时使用。把这个假想的刀尖对应的补偿号设定在刀具补偿参数的方向中。

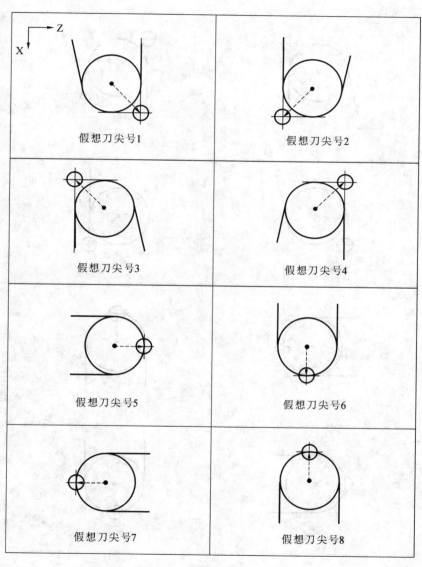

图 4-39　假想刀尖的方向（1）

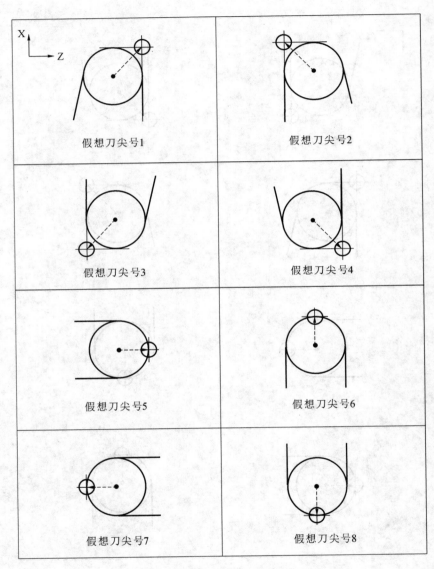

图 4-40　假想刀尖的方向（2）

4. 毛坯侧的指定

为了进行刀尖圆弧半径补偿,必须把毛坯指令在程序轨迹的某一侧,如表 4-3 所示。补偿应使刀具往没有毛坯的一侧偏移,如图 4-41、图 4-42 所示。

表 4-3   毛坯侧的指定

G 代码	刀 具 轨 迹	毛 坯
G40	在程序轨迹上移动	哪侧都不在
G41	在程序轨迹前进方向左侧移动	毛坯在前进方向右侧
G42	在程序轨迹前进方向右侧移动	毛坯在前进方向左侧

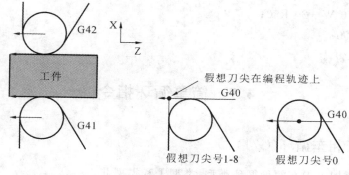

图 4-41   刀具位置示意图(1)

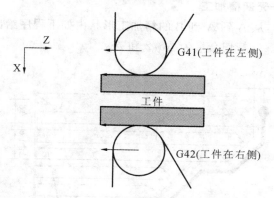

图 4-42   刀具位置示意图(2)

5. 取消补偿

在 G40(取消补偿)指令的程序段中,指定移动指令的方向和毛坯形状方向不同时的情况。在第一个程序段的切削终点,在 X(U)、Z(W)的方向上,取消刀尖圆弧半径补偿后,刀具要退刀时,指令应如下:

G40 X(U)— Z(W)— I— K—;

其中:I、K 为下个程序段毛坯形状的方向,应用增量指令;I、K 用半径指定。

6.刀尖圆弧半径补偿的注意事项

刀补程序中不能含有连续两个不含移动指令的程序段。

刀具半径 3 mm，刀具方向 3，刀补程序如下。

T11；

G0 X0 Z0；

G42 G1 X—50 F800；

Z—50；

G3 U10 W—20 R50；

G2 U—10 W—20 R50；

G1 Z—100；

G40 X0 Z0；

4.9　简单循环指令

4.9.1　粗车循环(G71)

粗车循环加工中有两种循环类型：类型Ⅰ和类型Ⅱ。

1.类型Ⅰ:用于无凹槽加工

如图 4-43 所示，从 A 到 A′到 B 的精加工形状由如下程序给出，在指定的区域每次进刀切去 Δd(切深)，精切余量为 Δu/2 和 Δw。

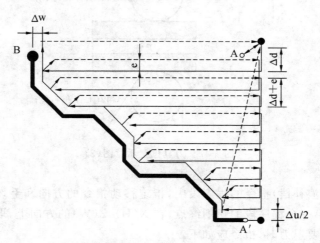

图 4-43　G71 指令无凹槽加工形状示意图

指令格式

G71 U(Δd)R(e)；

G71 P(ns)Q(nf)U(Δu)W(Δw)F(f)S(s)T(t)；

N(ns)……

⋮ ⎱顺序号为 ns 至 nf 的程序段为从 A 到 B 的运动指令

N(nf)……

根据加工程序的不同,可执行 40～80 行程序。若超过计算长度,系统报警"粗车循环时调用的程序过长"。B 的高度应不高于 A,否则报警"粗车循环给定值错误"。

Δd:切削深度(半径给定),不带符号,切削方向取决于起刀方向,该值是模态的;

e:退刀量(每加工完一刀,X 方向按 e 给定的值退出),该值是模态的;

ns:粗车循环时调用的加工程序第一个程序段的顺序号;

nf:粗车循环时调用的加工程序最后一个程序段的顺序号;

Δu:X 方向加工余量;

Δw:Z 方向加工余量;

F、S、T:包含在 ns 到 nf 程序段中的任何 F、S、T 功能在循环中被忽略,在 G71 程序段中的 F、S、T 功能有效。

用 G71 切削的形状有四种情况,无论哪种都是根据刀具平行 Z 轴移动进行切削的,Δu、Δw 的符号如图 4-44 所示。

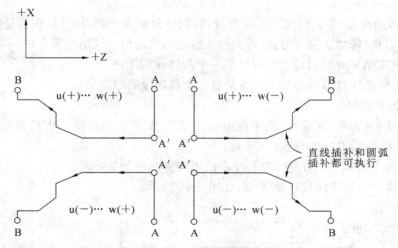

图 4-44 G71 指令刀具轨迹示意图

在 A 至 A′间,顺序号为 ns 的程序段中,可含有 G00 或 G01 指令,但不能含有 Z 轴指令或倒角指令。在 A′至 B 间,刀具轨迹沿 X 轴、Z 轴必须都是单调增大或减小。

在顺序号为 ns 到 nf 的程序段中,不能调用子程序。

2. 类型Ⅱ：用于有凹槽加工

如图 4-45 所示，从 A 到 B 的精加工形状由如下程序给出，在指定的区域每次进刀切去 Δd（切深），精切余量为 $\Delta u/2$。

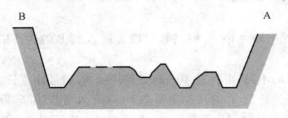

图 4-45　G71 指令有凹槽加工形状示意图

指令格式

G71 U(Δd)R(e)；
G71 P(ns)Q(nf)U(Δu)F(f)S(s)T(t)；
N(ns)……
　　⋮　　　　　顺序号为 ns 至 nf 的程序段为从 A 到 B 的运动指令
N(nf)……

根据加工程序的不同，可执行 40～80 行程序。若超过计算长度，则系统报警"粗车循环时调用的程序过长"。B 的高度应不高于 A，否则报警"粗车循环给定值错误"。

Δd：切削深度（半径给定），不带符号，切削方向取决于起刀方向，该值是模态的；

e：退刀量（每加工完一刀，X 方向按 e 给定的值退出），该值是模态的；

ns：粗车循环时调用的加工程序第一个程序段的顺序号；

nf：粗车循环时调用的加工程序最后一个程序段的顺序号；

Δu：加工余量；

F、S、T：包含在 ns 至 nf 程序段中的任何 F、S、T 功能在循环中被忽略，在 G71 程序段中的 F、S、T 功能有效。

G71 加工根据 P(ns)第一个程序段的不同有两种加工方式。

(1) 第一个程序段只移动 X 轴，如图 4-46 所示。

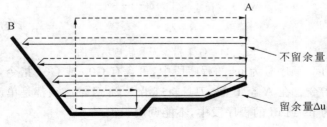

图 4-46　只运行 X 轴的轨迹示意图

（2）第一个程序段同时移动 X 轴、Z 轴，如图 4-47 所示。

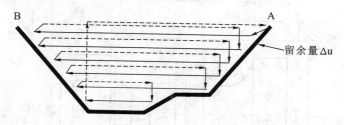

图 4-47　同时运行 X 轴、Y 轴的轨迹示意图

说明

（1）若顺序号为 ns、nf 的程序段不存在，则系统报警：粗车循环时调用程序未找到。

（2）Z 轴给定值应为统一方向，否则系统报警：粗车循环给定值错误。

（3）B 的高度应不高于 A，否则系统报警：粗车循环给定值错误。

（4）若 Δd（切削深度（半径给定））超过可计算量，则系统报警：粗车循环切深过大。

（5）若 e（退刀量）超过可计算量，则系统报警：粗车循环退刀量过大。

（6）若圆弧数据错误，则系统报警：粗车循环圆弧数据错误。

（7）若顺序号为 ns、nf 的程序段无法计算，则系统报警：粗车循环曲线夹角过小。

（8）顺序号为 ns 到 nf 的程序段只能为 G00、G01、G02、G03 指令，不能指令倒角，否则系统报警：粗车循环调用程序 G 值大于 3。

3. G71 有凹槽复合循环编程实例

有凹槽的外径粗加工工件如图 4-48 所示，其中点画线部分为工件毛坯。用 1 号刀时端面外圆为粗加工工件轮廓，用 2 号刀时端面外圆为精加工工件轮廓。

复合循环编程如下。

N10 T11;　　　　　　　　　　（换 1 号刀、1 号刀偏）

N20 G00 X80 Z100;　　　　　　（到程序起点或换刀点位置）

N30 M03 S400;　　　　　　　　（主轴以 400 r/min 正转）

N40 G00 X42 Z3;　　　　　　　（到循环起点位置）

N50 G71 U1 R1;　　　　　　　　（定义切削深度、退刀量）

N60 G71 U0.3 P100 Q210 F100;　（定义加工余量，从 N100 到 N210 程序段粗切循环加工）

N70 G00 X80 Z100;　　　　　　（粗加工后，到换刀点位置）

N80 T22;　　　　　　　　　　　（换 2 号刀、2 号刀偏）

N90 G00 G42 X42 Z3;　　　　　（2 号刀加入刀尖圆弧半径补偿）

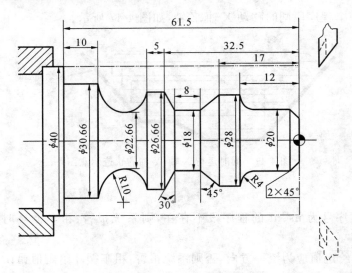

图 4-48　工件轮廓示意图

N100 G00 X10；	（精加工轮廓开始,到倒角延长线处）
N110 G01 X20 Z−2 F80；	（精加工 2×45°倒角）
N120 Z−8；	（精加工 Φ20 外圆）
N130 G02 X28 Z−12 R4；	（精加工 R4 圆弧）
N140 G01 Z−17；	（精加工 Φ28 外圆）
N150 U−10 W−5；	（精加工下切锥）
N160 W−8；	（精加工 Φ18 外圆槽）
N170 U8.66 W−2.5；	（精加工上切锥）
N180 Z−37.5；	（精加工 Φ26.66 外圆）
N190 G02 X30.66 W−14 R10；	（精加工 R10 下切圆弧）
N200 G01 W−10；	（精加工 Φ30.66 外圆）
N210 X40；	（退出已加工表面,精加工轮廓结束）
N220 G00 G40 X80 Z100；	（取消半径补偿,返回换刀点位置）
N230 M30；	（主轴停,主程序结束并复位）

4.9.2　平端面粗车循环(G72)

除了切削的操作平行 X 轴外,平端面粗车循环与 G71 完全相同。

1. 类型Ⅰ:用于无凹槽加工

指令格式

G72 W(Δd) R(e)；

G72 P(ns) Q(nf) U(Δu) W(Δw) F(f) S(s) T(t)；

$$
\left.\begin{array}{l} N(ns)\cdots\cdots \\ \vdots \\ N(nf)\cdots\cdots \end{array}\right\}
$$
顺序号为 ns 至 nf 的程序段为从 A 到 B 的运动指令

Δd:切削深度(半径给定)不带符号,切削方向取决于起刀方向,该值是模态的;

e:退刀量,该值是模态的;

ns:粗车循环时调用的加工程序第一个程序段的顺序号;

nf:粗车循环时调用的加工程序最后一个程序段的顺序号;

Δu:X 方向加工余量;

Δw:Z 方向加工余量;

F、S、T:包含在 ns 到 nf 程序段中的任何 F、S、T 功能在循环中被忽略,在 G72 程序段中的 F、S、T 功能有效。

其加工形状如图 4-49 所示。

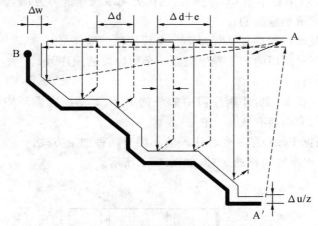

图 4-49 G72 指令无凹槽加工形状示意图

G72 有四种切削模式,所有这些切削循环都平行于 X 轴,Δu 和 Δw 的符号如图 4-50所示。

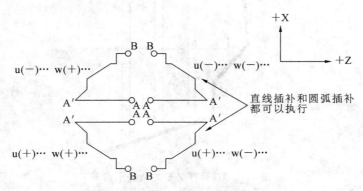

图 4-50 G72 指令刀具轨迹示意图

图中,A 和 A′之间的刀具轨迹由包含 G00 或 G01 指令、顺序号为 ns 的程序段指定。在这个程序段中,不能指令 X 轴的运动或倒角。在 A 和 B 之间的刀具轨迹沿 X 和 Z 方向都必须单调变化。沿 AA′切削是 G00 方式还是 G01 方式,由 A 和 A′之间的指令决定。

2. 类型Ⅱ:用于有凹槽加工

| 指令格式 |

G72 W(Δd) R(e);

G72 P(ns) Q(nf) W(Δw) F(f) S(s) T(t);

N(ns)······⎤
⋮　　　⎬顺序号为 ns 至 nf 的程序段为从 A 到 B 的运动指令
N(nf)······⎦

Δd:切削深度(半径给定)不带符号,切削方向取决于起刀方向,该值是模态的;

e:退刀量,该值是模态的;

ns:粗车循环时调用的加工程序第一个程序段的顺序号;

nf:粗车循环时调用的加工程序最后一个程序段的顺序号;

Δw:加工余量;

F、S、T:包含在 ns 到 nf 程序段中的任何 F、S、T 功能在循环中被忽略,在 G72 程序段中的 F、S、T 功能有效。

G72 加工根据 P(ns)第一个程序段的不同有两种加工方式。

(1) 第一个程序段只移动 Z 轴,如图 4-51 所示。

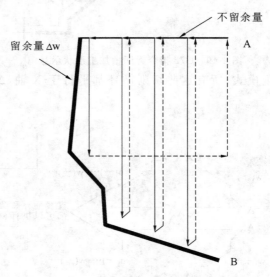

图 4-51　只运行 Z 轴的轨迹示意图

(2) 第一个程序段同时移动 X 轴、Z 轴,如图 4-52 所示。

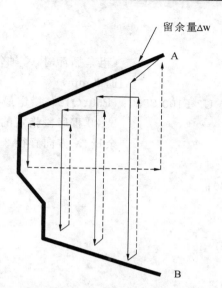

图 4-52 同时运行 X 轴、Z 轴的轨迹示意图

> **说明**
>
> G72 的报警同 G71。

4.9.3 复合型固定循环实例

1. 复合型固定循环(G70,G71)实例

加工工件的轮廓如图 4-53 所示。

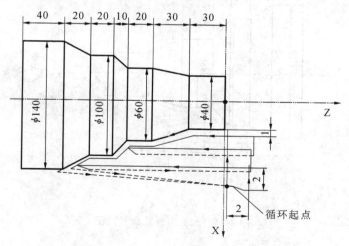

图 4-53 加工工件轮廓示意图

程序如下。

N10 M03 S××;

N20 T0101;

N30 G00 X160 Z10;

N40 G71 U2 R1;　　　　　　　　（粗车循环时,X 轴每次单边进给 2 mm,回退 1 mm)

N50 G71 P60 Q120 U2 F100 S500;(P60、Q120:指定最终的切削轨迹为 N60～N120 程序段指定的形状轨迹。U2:精加工余量,X 方向直径 2 mm,Z 方向 1 mm)

N60 G00 X40;

N70 G01 Z－30 F80;

N80 X60 W－30;

N90 W－20;

N100 X100 W－10;

N110 W－20;

N120 X140 W－20;

N130 G70 P60 Q120;　　　　　　（指定精加工切削路径）

N140 G00 X200 Z50;

N150 T0100 M05;

N160 M30;

2. 复合型固定循环(G70,G72)实例

加工工件的轮廓如图 4-54 所示。

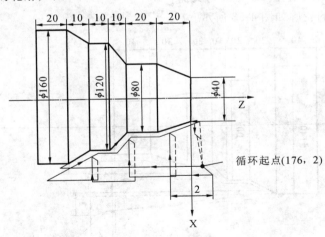

图 4-54　加工工件轮廓示意图

程序如下。

N10 M03 S××;

N20 T0202;

N30 G00 X176 Z2；

N40 G72 W2 R1；　　　　　　　　（粗加工循环时 Z 轴每次切削 2 mm，回退
　　　　　　　　　　　　　　　　1 mm）

N50 G72 P60 Q120 U2 W1 F100；（粗加工循环时最终的切削轨迹为 N60～
　　　　　　　　　　　　　　　　N120 程序段指定的形状轨迹，并留出精加
　　　　　　　　　　　　　　　　工余量：X 轴方向直径 2 mm，Z 方向 1
　　　　　　　　　　　　　　　　mm）

N60 G00 Z－72；

N70 G01 X160 Z－70 F80；

N80 X120 W10；

N90 W10；

N100 X80 W10；

N110 W20；

N120 X36 W22.08；

N130 G70 P60 Q120；　　　　　　（指定精加工切削路径）

N140 G00 X200 Z50；

N150 T0200 M05；

N160 M30；

第5章 数控系统的联调说明 》》》》》》

本章主要介绍数控系统的组成、电气控制的基础知识,并以航天数控系统 CAS-NUC 2000 系列为例,对电气连接与控制、接口特性、整机调试与 PLC 编程设计等方面进行详细说明。

5.1 数控系统的基本组成及控制方式

数控系统一般由数控装置和伺服驱动装置组成,不同类型的数控系统,其构成略有差别。

数控系统的控制方式可分为:开环控制、闭环控制和半闭环控制。航天 CAS-NUC 2000 系列数控系统为半闭环控制系统。

5.1.1 开环控制

控制系统发出的信息到执行部件,执行部件实际执行的状态不反馈到控制系统,这样的控制方式称为开环控制。典型的开环控制框图如图 5-1 所示。

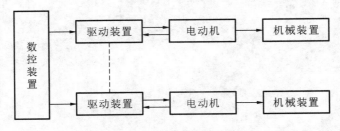

图 5-1 开环控制数控系统框图

5.1.2 闭环控制

控制系统发出的信息到执行部件,最终执行部件实际执行的状态反馈到控制系统,反馈信息参与控制,这样的控制方式称为闭环控制。典型的闭环控制框图如图 5-2所示。

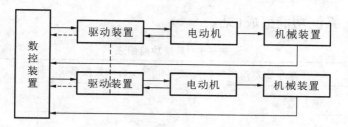

图 5-2　闭环控制数控系统框图

5.1.3　半闭环控制

控制系统发出的信息到执行部件，执行部件的状态反馈到控制系统，反馈信息参与控制，但反馈信息不是从最终执行机构直接反馈回来的，反馈信息和最终执行部件的状态之间有一定的误差，这样的控制方式称为半闭环控制。典型的半闭环控制框图如图 5-3、图 5-4 所示。

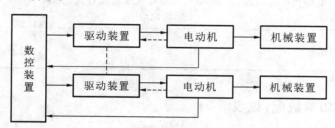

图 5-3　半闭环控制数控系统框图(1)

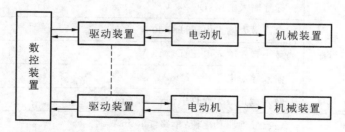

图 5-4　半闭环控制数控系统框图(2)

5.2　CASNUC 2000 系列数控装置性能

CASNUC 2000 系列数控系统包括车床、铣床、磨床(本书不作具体介绍)三种。该系列数控系统将 PC104 主板嵌入到控制系统中，并内置 PLC，具有图形显示功能及很好的通信功能，可连接直流伺服驱动系统或交流伺服驱动系统。主轴驱动可连接主轴伺服驱动器或变频调速驱动器。

5.2.1 系统功能组成(见表 5-1)

表 5-1 系统功能组成

功能组成	2000TA 车床数控系统	2000MA 铣床数控系统	备　　注
控制轴数	3 轴＋手轮	4 轴＋手轮	
联动轴数	2 轴	3 轴	
显示部件	8.0 英寸液晶显示屏	8.0 英寸液晶显示屏	
通信	RS232 串行通信接口	RS232 串行通信接口	速度最高:115200 b/s
操作面板	I/O 点式用户自定义操作面板	I/O 点式用户自定义操作面板	
机床输入、输出控制	20 路机床输入点、16 路机床输出点	32 路机床输入点、24 路机床输出点	
存储器	标配:128 MB	标配:256 MB	最大选配:1 GB

5.2.2 功率数据(见表 5-2)

表 5-2 功率数据

输入电路基本指标	标称输入电压:DC 24 V
	允许最大输入电压:DC 30 V
	最小有效输入电压:DC 18 V
	输入导通电流:5～8 mA
	输入截止最大允许电流:≤0.1 mA
输出电路基本指标	输出导通驱动电流:单路≤50 mA
	输出开路时漏电流:≤0.1 mA
	输出截止标称电压:DC 24 V
	允许最大输出电压:DC 30 V
电压适应能力	额定电压:单相 220(1−15％)～220(1＋10％)V
	频率:(50±1)Hz
	波形失真率小于 2％
电源丢波适应能力	电源系统在连续丢失 1 个周波的情况下能正常工作

5.3 CASNUC 2000 系列数控装置接口说明

5.3.1 2000TA 车床数控系统的接口说明

1. 2000TA 车床数控系统的接口位置布局(见图 5-5)

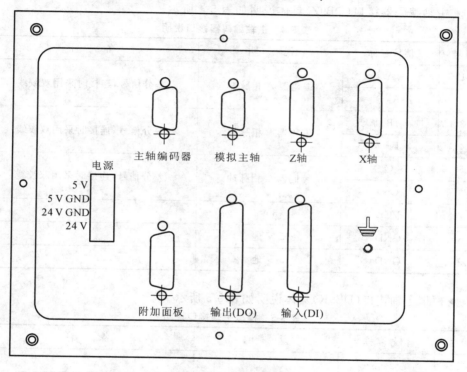

图 5-5 2000TA 后视图

2. 2000TA 车床数控系统的接口说明(见表 5-3)

表 5-3 2000TA 接口说明

序号	名称	接口说明
1	主轴编码器	主轴编码器接口,9 芯 DB 针座
2	模拟主轴	模拟主轴接口(−10 V～+10 V),9 芯 DB 孔座
3	X 轴、Z 轴	X 轴、Z 轴接口,26 芯 DB 针座
4	附加面板	附加面板接口可接手轮、手持盒等,15 芯 DB 针座
5	I/O 输出	机床输出(DO)接口,25 芯 DB 针座

序号	名称	接 口 说 明
6	I/O 输入	机床输入(DI)接口,25 芯 DB 孔座
7	电源	电源接口(5 V、5 V GND、24 V、24 V GND),4 芯接线端子座

● 主轴编码器接口(DB9Z)具体说明如表 5-4 所示。

表 5-4　主轴编码器接口说明

点号	信号名称	说　　明	备　　注
1	A	编码器 A 相脉冲	差分信号,连接时采用双绞线
2	A—		
3	B	编码器 B 相脉冲	差分信号,连接时采用双绞线
4	B—		
5	C	编码器 C 相脉冲	差分信号,连接时采用双绞线
6	C—		
7	VCE	5 V	
8	GND	5 V 地	
9	GND	5 V 地	

● 模拟主轴接口(DB9K)具体说明如表 5-5 所示。

表 5-5　模拟主轴接口说明

点号	信号名称	说　　明	备　　注
1			
2			
3			
4	AGND	模拟信号地	直接连接变频器的电压输入接口
5	VCMD	−10 V～+10 V 模拟电压	
6			
7			
8			
9			

注:屏蔽层焊接在插头金属体上。

● X 轴、Z 轴接口(DB26Z)具体说明如表 5-6 所示。

表5-6 X轴、Z轴接口说明

点号	信号名称		点号	信号名称		点号	信号名称	
1	A		10	A—		19	VCE	
2	B	编码器反馈信号	11	B—	编码器反馈信号	20	VCE	
3	C		12	C—		21	GND	
4			13			22	GND	
5	READY	伺服准备好	14			23		
6	EN+		15	EN—		24		
7	EN+		16	EN—		25	24 V GND	
8	VCMD	模拟信号输出	17	AGND	模拟信号输出地	26	24 V GND	
9	24 V		18	24 V				

注:系统主机与主轴伺服单元的连线与使用的伺服型号有关;主机端共有两个伺服接口(X轴、Z轴),这两个伺服接口的定义是相同的。

以连接DSCU-30AEM驱动器为例,数控系统到驱动单元的具体连接如图5-6所示。

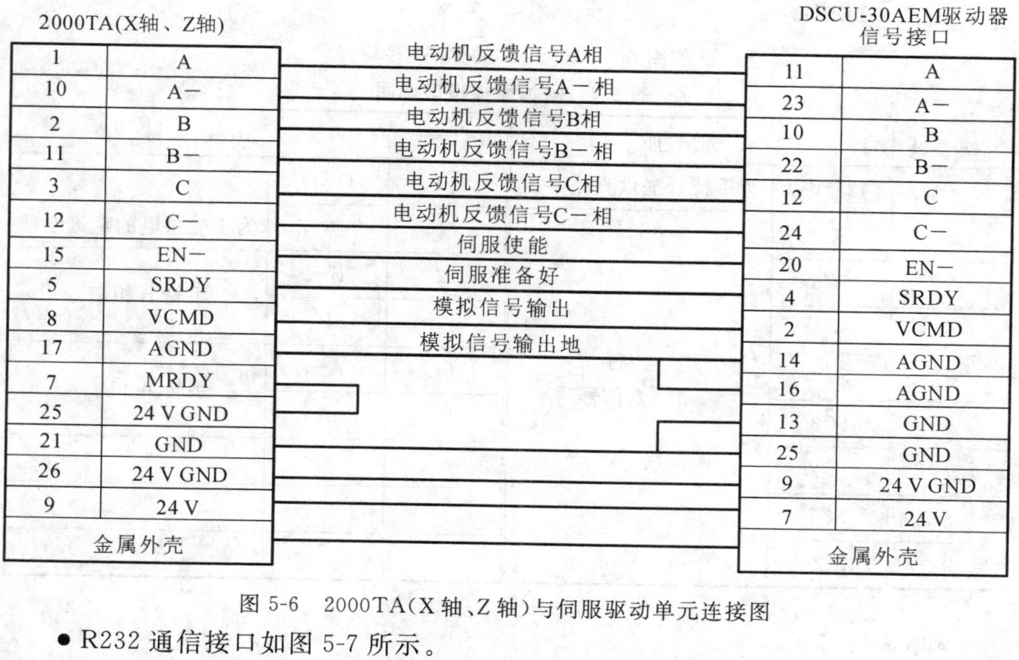

2000TA(X轴、Z轴)		信号	DSCU-30AEM驱动器信号接口	
1	A	电动机反馈信号A相	11	A
10	A—	电动机反馈信号A—相	23	A—
2	B	电动机反馈信号B相	10	B
11	B—	电动机反馈信号B—相	22	B—
3	C	电动机反馈信号C相	12	C
12	C—	电动机反馈信号C—相	24	C—
15	EN—	伺服使能	20	EN—
5	SRDY	伺服准备好	4	SRDY
8	VCMD	模拟信号输出	2	VCMD
17	AGND	模拟信号输出地	14	AGND
7	MRDY		16	AGND
25	24 V GND		13	GND
21	GND		25	GND
26	24 V GND		9	24 V GND
9	24 V		7	24 V
金属外壳			金属外壳	

图5-6 2000TA(X轴、Z轴)与伺服驱动单元连接图

● R232通信接口如图5-7所示。
● 附加面板接口(DB15Z)具体说明如表5-7所示。
用户根据需求可接附加面板和手持盒。

DB9Z(R232通信接口)

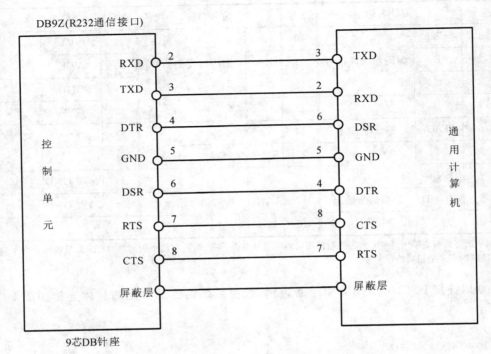

9芯DB针座

图 5-7 2000TA 的 R232 接口

表 5-7 附加面板接口说明

点 号		信 号 名 称	点 号		信 号 名 称
1	24 V	为手持盒提供直流电源	10	GND	
2	SC7		11	+5 V	为手轮供电的直流电源
3	SC6		12	B—	手轮 B 相信号
4	SC5		13	B	
5	SC4	手持盒信号	14	A—	手轮 A 相信号
6	SC3		15	A	
7	SC2				
8	SC1				
9	SC0				

● 电源接口。

2000TA 车床数控系统采用 HF70W- T-Z 电源盒,共三组电压:V1,COM;V2,COM;V3,COM。HF70W-T-Z 电源盒需外接 220V 交流电源。

HF70W-T-Z 电源盒到 2000TA 车床数控系统电源接口的连接如图 5-8 所示。

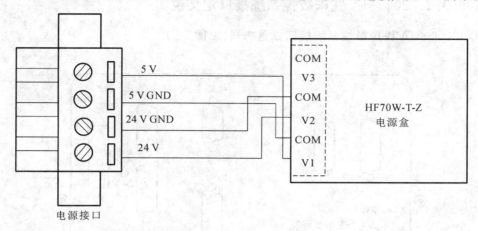

图 5-8　2000TA 电源接口

● 机床输入输出接口具体说明如表 5-8 所示。

表 5-8　机床输入输出接口说明

DB25Z（机床输入）				DB25K（机床输出）			
点号	信号定义	点号	信号定义	点号	信号定义	点号	信号定义
1	ICOM	14	ICOM	1	24 V	14	24 V
2	24 V GND	15	24 V	2	24 V GND	15	24 V GND
3	24 V	16	I20	3		16	
4	I19	17	I18	4		17	
5	I17	18	I16	5		18	O1
6	I15	19	I14	6	O2	19	O3
7	I13	20	I12	7	O4	20	O5
8	I11	21	I10	8	O6	21	O7
9	I9	22	I8	9	O8	22	O9
10	I7	23	I6	10	O10	23	O11
11	I5	24	I4	11	O12	24	O13
12	I3	25	I2	12	O14	25	O15
13	I1			13	O16		

5.3.2　2000MA 铣床数控系统接口定义说明

1. 2000MA 铣床数控系统接口位置布局(见图 5-9)

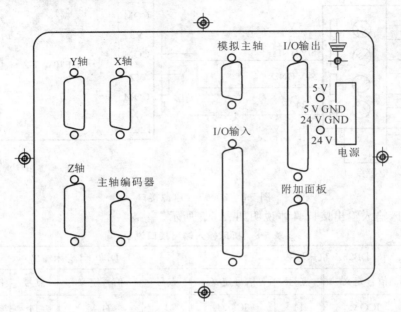

图 5-9　2000MA 后视图

2. 2000MA 铣床数控系统的接口说明(见表 5-9)

表 5-9　2000MA 接口说明

序号	名　　　称	接　口　说　明
1	主轴编码器	主轴编码器接口,9 芯 DB 针座
2	模拟主轴	主轴接口,9 芯 DB 孔座
3	X 轴、Y 轴、Z 轴	X 轴、Y 轴、Z 轴接口,26 芯 DB 针座
4	附加面板	附加面板接口,15 芯 DB 针座
5	I/O 输出	机床 I/O 输出接口,37 芯 DB 孔座
6	I/O 输入	机床 I/O 输入接口,37 芯 DB 针座
7	电源	电源接口(5 V、5 V GND、24 V、24 V GND),4 芯接线端子座

● 主轴编码器接口(DB9Z)。

2000MA 铣床数控系统使用长线驱动型编码器,差分信号 A/A－、B/B－、C/C－连接时采用双绞线。具体的接口说明与 2000TA 数控车床系统的一致,参见表 5-4。

　● 模拟主轴接口(DB9K)具体的说明与 2000TA 车床数控系统的一致,参见表 5-5。

　● X 轴、Y 轴、Z 轴接口(DB26Z)具体说明如表 5-10 所示。

表 5-10　X 轴、Y 轴、Z 轴接口说明

点号	信号名称		点号	信号名称		点号	信号名称
1	A	编码器反馈信号	10	A—	编码器反馈信号	19	VCE
2	B		11	B—		20	VCE
3	C		12	C—		21	GND
4			13			22	GND
5	READY	伺服准备好	14			23	
6	EN—		15	EN+		24	
7	EN—		16	EN+		25	24 V GND
8	VCMD	模拟信号输出	17	AGND	模拟信号输出地	26	24 V GND
9	24 V		18	24 V			

● 附加面板接口(DB15Z)具体说明参见表 5-7。

● 电源接口。

2000MA 铣床数控系统采用 GZM-H60D5+24I 电源盒,输出直流 V1+(+5 V)、V2+(+24 V),G 为直流地(GND)。GZM-H60D5+24I 电源盒需外接 220 V 交流电源。GZM-H60D5+24I 电源盒到 2000MA 铣床数控系统电源接口的连接如图 5-10 所示。

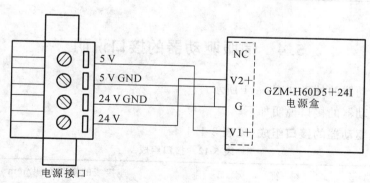

图 5-10　2000MA 电源接口

● 机床输入输出接口具体说明如表 5-11 所示。

表 5-11　机床输入输出接口说明

D37Z(机床输入)				DB37K(机床输出)			
点号	信号定义	点号	信号定义	点号	信号定义	点号	信号定义
1	I23	20	I24	1	O23	20	O2
2	I21	21	I22	2	O17	21	O20
3	I27	22	I28	3	O19	22	O18

\multicolumn{4}{c}{D37Z（机床输入）}				\multicolumn{4}{c}{DB37K（机床输出）}			
点号	信号定义	点号	信号定义	点号	信号定义	点号	信号定义
4	I25	23	I26	4	O22	23	O21
5	I31	24	I32	5	O1	24	O24
6	I29	25	I30	6	O4	25	O3
7	I12	26	I11	7	O11	26	O14
8	I10	27	I9	8	O5	27	O8
9	I16	28	I15	9	O7	28	O6
10	I14	29	I13	10	O10	29	O9
11	I20	30	I19	11	O13	30	O12
12	I18	31	I17	12	O16	31	O15
13	I4	32	I3	13		32	
14	I2	33	I1	14	+24 V	33	+24 V
15	I8	34	I7	15	+24 V	34	+24 V
16	I5	35	I6	16		35	
17	24 V GND	36	24 V GND	17	24 V GND	36	24 V GND
18	24 V GND	37	24 V GND	18	24 V GND	37	24 V GND
19	24 V GND			19	24 V GND		

5.4 伺服驱动器的接口说明

伺服驱动器的外形如图 5-11 所示。

伺服驱动器的接口说明如下。

1. 伺服驱动器的接口组成（见表 5-12）

表 5-12 接口组成

连 接 端 子	符 号	连接线的横截面积/mm²
主电路电源	R、S、T	1.5～2.5
控制电源	r、t	0.75～1.0
电动机驱动端子	U、V、W	RVVP4×1.5～RVVP4×2.5
接地端子	PE	1.5～2.5
控制信号端子	CN1	>0.14
编码器信号端子	CN2	（推荐 RVVP8×2×0.2）

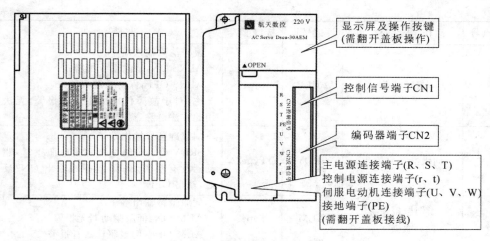

图 5-11 伺服驱动器外形图

2. 接线端子说明(见表 5-13)

表 5-13 接线端子说明

点号	符号	信 号 名 称	功 能 说 明
1	R		主回路电源输入端子
2	S	主回路电源	三相 220 V AC,50(1±10%) Hz
3	T		
4	PE	系统接地	接地端子,接地电阻小于 100 Ω
5	U		
6	V	伺服电动机输出	输出到电动机的 U、V、W 相电源
7	W		
8	r	控制电源	控制回路电源输入端子
9	t		单相 220 V AC,50 Hz

3. CN1 控制信号端子

CN1 控制信号端子提供与上位机控制器连接所需要的信号,使用 DB25 针座。其具体说明如表 5-14 所示。

表 5-14 CN1 控制信号端子说明

点号	信 号 名 称	记号	接口形式	功 能 说 明
7	输入端子的电源正极	COM+	Type1	用来驱动输入端子的光电耦合器;12~24 V DC,电流大于 100 mA
20	伺服使能	SON	Type1	伺服使能输入端子

点号	信 号 名 称	记号	接口形式	功 能 说 明
8	报警清除	ACLR	Type1	报警清除输入端子。 ALRS ON:清除系统报警; ALRS OFF:保持系统报警。 注:对于故障代码大于8的报警,无法用此方法清除,需要断电检修
4	伺服准备好输出	SRDY	Type2	伺服准备好输出端子。 SRDY ON:控制电源和主电源正常,驱动器没有报警,伺服准备好输出 ON;反之,输出 OFF
17	伺服报警 输出	ALM	Type2	伺服报警输出端子。 ALM ON:伺服驱动器无报警; ALM OFF:伺服驱动器有报警
9	输出端子的公共端	DG	Type2	控制信号输出端子的地线公共端
19	指令脉冲 PLUS 输入	INP+	Type3	外部指令脉冲输入端子
6		INP−		
18	指令脉冲 SIGN 输入	IND+	Type3	
5		IND−		
15	屏蔽地线	FG		屏蔽地线端子
21	偏差计数器清零	CLE	Type1	位置控制方式下(参数 PA4＝0),位置偏差计数器清零输入端子。 CLE ON:位置控制时,位置偏差计数器清零
2	模拟速度 指令输入	VCMDIN	Type3	外部模拟速度指令输入端子,差分方式,输入阻抗 10 KΩ,输入范围 −10 V～+10 V
14		VCMDINC		
16	模拟地	AGND	Type3	模拟输入的地线
11	编码器 A 相信号	A+	Type5	
23		A−		
10	编码器 B 相信号	B+	Type5	
22		B−		
12	编码器 Z 相信号	Z+	Type5	
24		Z−		
3	编码器 Z 相输出	Z	Type6	编码器 Z 相输出端子
25、13	差分公共地	GND		

4. CN2 编码器端子

CN2 编码器端子与电动机编码器连接,采用 DB15 针座,其具体接口说明见表 5-15。

表 5-15 CN2 编码器端子说明

端子号	信号名称	记号	接口形式	功能说明
8	电源输出	+5 V		伺服电动机光电编码器用 +5 V 电源;电缆长度较长时,应使用多根芯线并联
15	电源地	GND		
2	编码器 A+输入	A+	Type7	与伺服电动机光电编码器 A+相连接
9	编码器 A−输入	A−		与伺服电动机光电编码器 A−相连接
3	编码器 B+输入	B+	Type7	与伺服电动机光电编码器 B+相连接
10	编码器 B−输入	B−		与伺服电动机光电编码器 B−相连接
4	编码器 Z+输入	Z+	Type7	与伺服电动机光电编码器 Z+相连接
11	编码器 Z−输入	Z−		与伺服电动机光电编码器 Z−相连接
5	编码器 U+输入	U+	Type7	与伺服电动机光电编码器 U+相连接
12	编码器 U−输入	U−		与伺服电动机光电编码器 U−相连接
6	编码器 V+输入	V+	Type7	与伺服电动机光电编码器 V+相连接
13	编码器 V−输入	V−		与伺服电动机光电编码器 V−相连接
7	编码器 W+输入	W+	Type7	与伺服电动机光电编码器 W+相连接
14	编码器 W−输入	W−		与伺服电动机光电编码器 W−相连接
1	屏蔽地	FG		屏蔽地线端子

5.5 数控装置的连接

5.5.1 注意事项

1. 安装注意事项

● 数控装置的机壳为非防水设计,应安装在电柜中干燥和无直接日晒的地方。

● 数控装置与电柜机壳或者其他设备之间,必须按规定留出间隙。

● 数控装置在安装、使用时应注意通风良好,避免油雾、铁粉等腐蚀性物质的侵蚀,避免让金属等导电物质进入其中。

● 数控装置的安装必须牢固、无振动。

2. 连接注意事项

● 数控装置必须可靠接地,接地电阻应小于 4 Ω。切勿用电源进线的中线代替地线,否则可能会使设备不能稳定地正常工作。

● 接线必须正确、牢固,否则可能产生误动作。

● 连接电线不可有破损,不可受挤压,否则容易发生漏电或短路故障。

● 接线时应注意插头的电压值和正负极性,必须符合说明书的规定,否则可能发生短路或设备永久性损坏等故障。

● 不能带电拔、插插头或打开数控装置机箱;在插、拔插头或扳动开关前,手指应保持干燥、洁净,以防触电或损坏数控装置。

5.5.2 供电与接地

1. 供电要求

● 输入电压:单相交流 220(1−15％)～220(1＋10％)V。

● 最大输入电流:15 A。

● 主机交流输入与交流电源进线之间要有隔离变压器。隔离变压器输出功率不低于 200 W。

2. 接地要求

● 为减少干扰,应采用截面面积不超过 2.5 mm² 的黄绿铜导线作为地线,将数控装置的机壳接地端子与电柜及机床的保护地可靠连接。

5.5.3 CASNUC 2000 系列数控装置的连接

1. 2000TA 数控装置连接(见图 5-12)

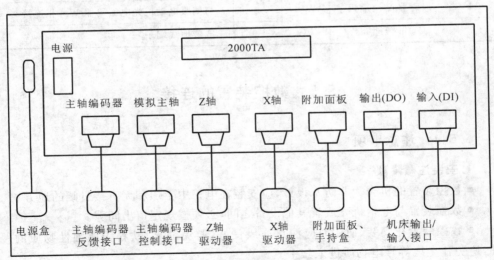

图 5-12 2000TA 连接图

2. 2000MA 数控装置连接(见图 5-13)

3. 驱动单元的连接

DSCU 伺服驱动单元的连接原理示意如图 5-14 所示。

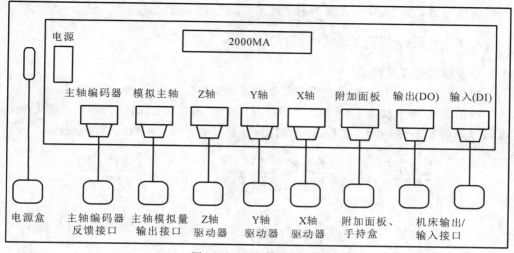

图 5-13　2000MA 连接图

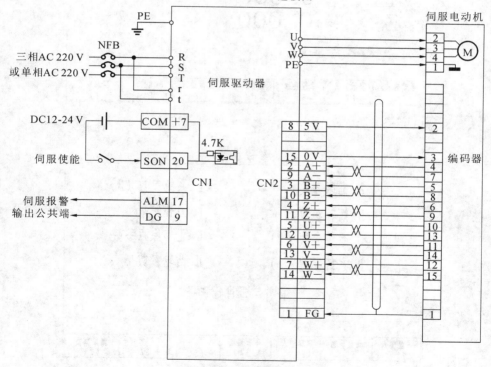

图 5-14　驱动单元连接图

5.6　数控装置的参数设置

数控装置连接完毕后,在正式运行前需要对参数进行必要的设置。根据所配电动机的编码器线数、机床的螺距等对系统参数进行相应的设置。

5.6.1 数控装置的参数设置

1. 参数的查看与修改

根据参数的级别,参数的查看与修改需要相对应的权限。

在图 5-15 所示状态下(主菜单),先按【F7】键,再按【F2】键进入参数设置界面,屏幕显示如图 5-16 所示。按【A】~【G】键,可分别进入相应参数区修改参数。

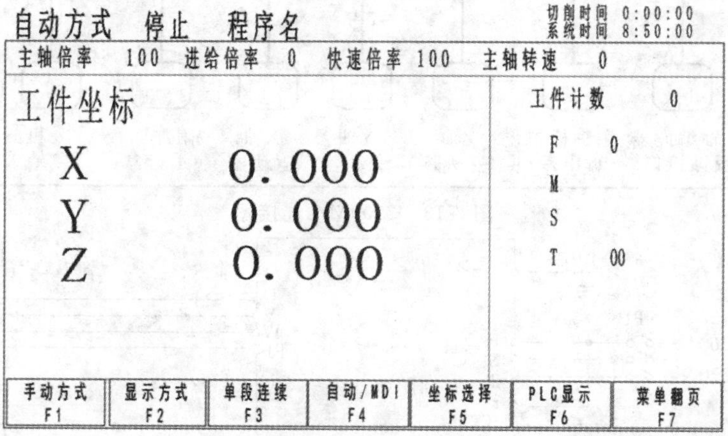

```
自动方式  停止  程序名                    切削时间 0:00:00
                                          系统时间 8:50:00
主轴倍率  100  进给倍率  0  快速倍率 100  主轴转速   0

工件坐标                              工件计数    0

  X        0.000                    F   0

  Y        0.000                    M

  Z        0.000                    S
                                    T   00


手动方式 | 显示方式 | 单段连续 | 自动/MDI | 坐标选择 | PLC显示 | 菜单翻页
  F1    |   F2    |   F3    |    F4    |   F5    |   F6    |   F7
```

图 5-15 主菜单

```
                  参数设置

      A 机床参数          E 系统参数(3)

      B 螺补参数          F 刀补参数

      C 系统参数(1)       G 工作原点参数

      D 系统参数(2)       H 凸轮参数

                按首字母进行选择


磁盘输入 | 磁盘输出 | 串口输入 | 串口输出 |    |    | 菜单翻页
  F1    |   F2    |   F3    |    F4    | F5 | F6 |   F7
```

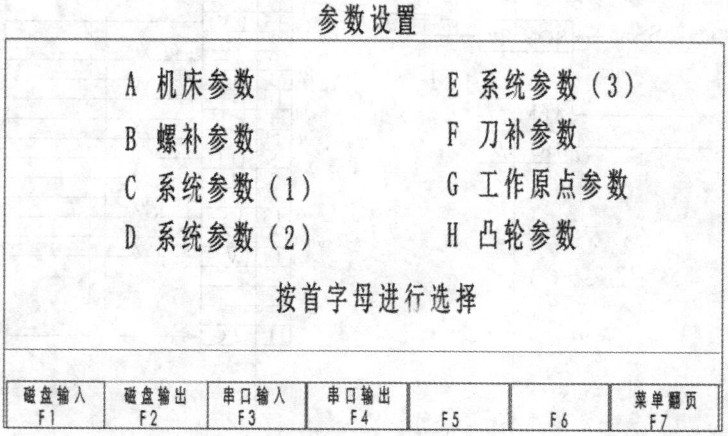

图 5-16 参数设置界面

在图 5-16 所示状态下,按【F7】键后,再按【F1】键,提示行提示"请输入密码:",此时输入密码"901B",按【回车】键即可。若不输入密码,则只能修改每组参数的前八项(螺补参数除外)。

密码功能可选择关闭或开启。

2. 参数的设置

以机床参数设置为例,参数的设置步骤如下。

在图 5-16 所示状态下,按【A】键进入机床参数设置界面。机床参数为 8 位位参数,无正负号。

1) 移动光标

● 按【↑】、【↓】、【⇦】、【⇨】键,分别可以上、下、左、右移动光标;

● 按【PgUp】、【PgDn】键,可以前、后翻页。

2) 修改参数

在图 5-17 所示状态下,将参数 A0007,改为 11110011。

机床参数　　　　　　　14:28:56

A0001 00000000	A0017 00000000	A0033 00000000
A0002 00000000	A0018 00000000	A0034 00000000
A0003 00000000	A0019 00000000	A0035 00000000
A0004 00000000	A0020 00000000	A0036 00000000
A0005 00000000	A0021 00000000	A0037 00000000
A0006 00000000	A0022 00000000	A0038 00000000
A0007 00000000	A0023 00000000	A0039 00000000
A0008 00000000	A0024 00000000	A0040 00000000
A0009 00000000	A0025 00000000	A0041 00000000
A0010 00000000	A0026 00000000	A0042 00000000
A0011 00000000	A0027 00000000	A0043 00000000
A0012 00000000	A0028 00000000	A0044 00000000
A0013 00000000	A0029 00000000	A0045 00000000
A0014 00000000	A0030 00000000	A0046 00000000
A0015 00000000	A0031 00000000	A0047 00000000
A0016 00000000	A0032 00000000	A0048 00000000

1

图 5-17　机床参数的设置

● 按【↓】键移动光标到 A0007;

● 按【1】、【1】、【1】、【1】、【0】、【0】、【1】、【1】键;

● 按【回车】键,完成参数修改。光标自动下移到 A0008。

3) 退出机床参数设置状态

在参数编辑界面按【Esc】键即可回到上一级界面。

4) 参数有效性

此类参数修改后,退出生效。

其他各类参数的设置均可参考此操作步骤。

3. 参数的说明

参数可分为机床参数,螺补参数,系统参数(1)、(2)、(3),刀补参数等。将光标放在某参数位时,界面最下面一栏会出现此参数的说明。

注:2000 系列数控装置的参数详细说明见附录 A、B。

如图 5-18 所示,光标放在系统参数(2)中 D0017 处,界面下方显示:X 轴螺距(单位:μm)。

系统参数(2)　　14:28:56

D0001 00000	D0017 10000	D0033 00000
D0002 00000	D0018 00000	D0034 00000
D0003 00000	D0019 00000	D0035 00000
D0004 00000	D0020 00000	D0036 00000
D0005 00000	D0021 00000	D0037 00000
D0006 00000	D0022 00000	D0038 00000
D0007 00000	D0023 00000	D0039 00000
D0008 00000	D0024 00000	D0040 00000
D0009 02048	D0025 00000	D0041 00000
D0010 02048	D0026 00000	D0042 00000
D0011 02048	D0027 00000	D0043 00000
D0012 00000	D0028 00000	D0044 00000
D0013 00000	D0029 00000	D0045 00000
D0014 00000	D0030 00000	D0046 00000
D0015 00000	D0031 00000	D0047 00000
D0016 00000	A0032 00000	D0048 00000

X 轴螺距(单位:μm)

图 5-18　参数的说明

4. 参数的输入、输出

在图 5-16 所示状态下按【F3】、【F4】键,可通过 RS232 接口进行计算机与数控系统间全部参数的传输。

5. 退出参数管理

在图 5-16 所示状态下,按【Esc】键退出参数管理界面,返回主菜单(见图 5-15)。

5.6.2　伺服驱动单元的参数设置

1. 操作说明

驱动器面板由 6 个 LED 数码管显示器和 4 个按键【↑】、【↓】、【⇦】、【Enter】组成,用来显示系统各种状态、设置参数等。参数设置是分层操作,由主菜单逐层展开。6 个 LED 数码管显示系统各种状态及数据,全部数码管或最右边数码管的小数点显示闪烁时,表示有报警发生。4 个按键的具体说明如表5-16 所示。

表 5-16　按键的说明

按键	名　称	功　能
【↑】	增加键	增加序号或数值,长按具有重复效果
【↓】	减小键	减小序号或数值,长按具有重复效果
【⇦】	返回键	返回上一层操作菜单,或取消操作
【Enter】	确认键	进入下一层操作菜单,或确认输入

2. 主菜单

操作按多层操作菜单执行。第一层为主菜单,包括8种操作方式。用【⇧】、【⇩】键选择相应的操作方式,按【Enter】键进入第二层菜单,按【⇦】键从第二层菜单退回主菜单,如图5-19所示。

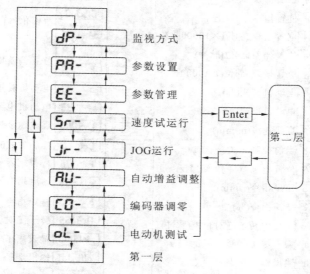

图 5-19　操作方式选择框图

3. 状态监视

在主菜单中选择"dP-",并按【Enter】键进入监视方式界面,共有21种显示状态,用户用【⇧】、【⇩】键选择需要的显示模式,再按【Enter】键,即可显示具体状态,如图5-20所示。

4. 参数设置

在主菜单中选择"PA-",并按【Enter】键进入参数设置界面。用【⇧】、【⇩】键选择参数号,按【Enter】键,显示该参数的数值,用【⇧】、【⇩】键可以修改参数值。按【⇧】或【⇩】键一次,参数值增加或减少1,长按【⇧】或【⇩】键,参数值能连续增加或减少。参数值被修改时,最右边的LED数码管小数点点亮;按【Enter】键确定后,修改数值有效,此时最右边的LED数码管小数点熄灭,修改后的数值将立刻反映到控制中(部分参数需要保存后重新上电才能起作用)。此后按【⇧】或【⇩】键还可以继续修改参数,修改完毕按【⇦】键退回到参数选择状态。如果对修改的数值不满意,不要按【Enter】键确定,可按【⇦】键取消,参数恢复原值,并退回到参数选择状态。修改后的参数并未保存到EEPROM中,若要永久保存,应使用参数管理中的参数写入操作。参数设置的操作如图5-21所示。

5. 参数管理

参数管理主要处理内存和EEPROM之间的参数问题。在主菜单下选择"EE-",并按【Enter】键进入参数管理界面。然后需要选择操作模式,共有5种模式,用【⇧】、【⇩】键来选择,如图5-22所示。

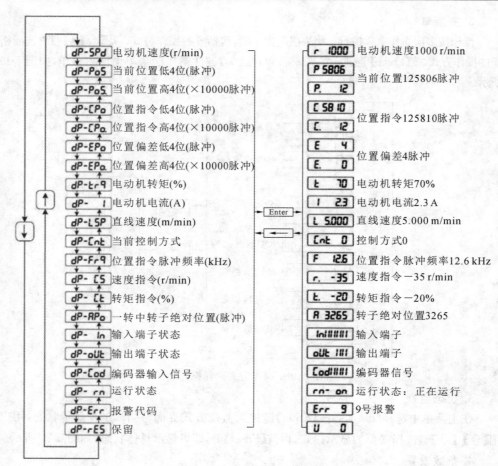

图 5-20　监视方式选择框图

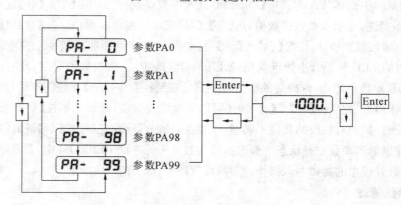

图 5-21　参数设置操作框图

参数管理各操作的意义如图 5-23 所示。

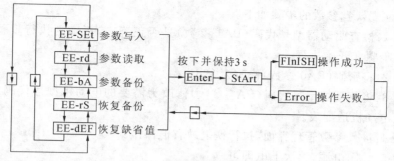

图 5-22   参数管理操作框图

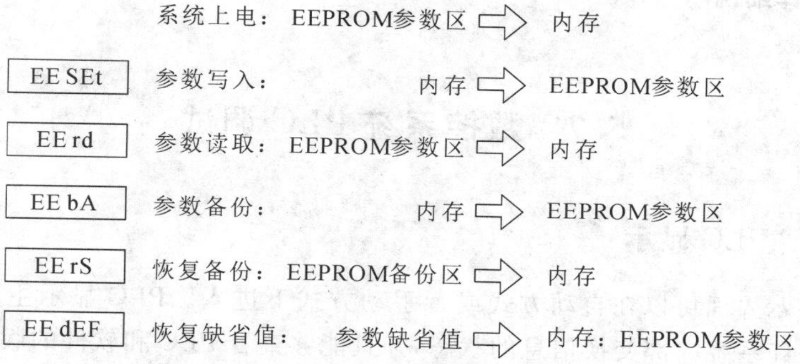

系统上电：EEPROM参数区 ⟹ 内存

EE SEt	参数写入：		内存 ⟹ EEPROM参数区

图 5-23   参数管理操作的意义

6.速度试运行

在主菜单下选择"Sr-"，并按【Enter】键进入速度试运行界面。速度试运行提示符为"S"，数值单位是 r/min，系统处于速度控制方式，速度指令由按键提供。用【⇧】、【⇩】键可以改变速度指令，使电动机按给定的速度运行。【⇧】键控制速度正向增加，【⇩】键控制速度正向减小（反向增加），如图 5-24 所示。显示速度为正值时，电动机正转；显示速度为负值时，电动机反转。

图 5-24   速度试运行操作框图

7.电动机测试

在主菜单下选择"oL-"，并按【Enter】键进入电动机测试界面。电动机测试提示符为"r"，数值单位是 r/min，系统处于位置控制方式，位置限制值为 268435456 个脉冲，速度由 PA24 参数设置。进入电动机测试操作界面后，按下【Enter】键并保持2 s，电动机按测试速度运行；按下【⇦】键并保持 2 s，电动机停转，保持零速；再按下【⇦】键，则断开使能，退出电动机测试界面。

8.参数缺省值恢复

（1）在发生以下情况时，应使用恢复缺省参数（出厂参数）功能。

● 参数被调乱，驱动器无法正常工作。

● 更换电动机，新电动机与原配电动机型号不同。

● 其他原因造成驱动器型号代码（PA1 参数）与电动机型号不匹配。

（2）恢复缺省参数的步骤如下。

步骤1：检查驱动器型号代码（PA1 参数）是否正确，若正确则执行步骤4，若不正确则从步骤2开始执行。

步骤2：将密码（PA0 参数）修改为 398。

步骤3：将驱动器型号代码（PA1 参数）修改为需要的电动机型号代码。驱动器代码参见电动机适配表。

步骤4：进入参数管理界面，执行恢复缺省值操作。

步骤5：关闭电源，再次上电即可。

9. 参数详细说明

见附录。

5.7 数控系统 PLC 调试

5.7.1 PLC 显示

PLC 显示界面可以在自动方式或者手动方式下进入。PLC 显示主要用来监控机床 I/O 点和系统内部交换信息的状态，并且能够查看 PLC 和软件的版本信息。

系统在自动方式或手动方式下，【F6】键的位置显示为"PLC 显示"。如果自动方式下【F6】键的位置未显示"PLC 显示"，可用【F7】（菜单翻页）键切换菜单。按【F6】键进入，PLC 显示方式默认为 I～Q 区，即显示系统输入状态。以 2000MA 铣床为例，其显示界面如图 5-25 所示，屏幕的下方为 PLC 和软件的信息，方便用户查看。

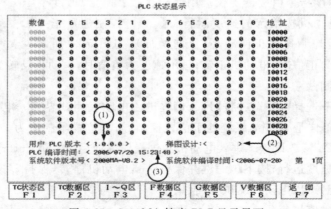

图 5-25　2000MA 铣床 PLC 显示界面

5.7.2 PLC 信息

（1）用户 PLC 版本：显示 PLC 的版本号。系统在出厂时会根据不同的用户编写不同的版本号，一般情况下用户没有特殊要求时使用标准梯图。2000MA 铣床系统

PLC 的版本号应该为 11.0.0X,2000TA 车床系统 PLC 的版本号应该为 14.0.0X。(X 为 1～255 的数字,会根据版本号的升级而改变)

（2）梯图设计:显示 PLC 的设计人员的名字。

（3）PLC 编译时间:PLC 程序的生成时间,方便设计人员查看日期。

5.7.3　切换 PLC 显示内容

【F1】键（TC 状态区）:定时器/计数器状态显示。每个位代表一个定时器/计数器的状态信息,即定时器或计数器的逻辑值。

【F2】键（TC 数据区）:定时器/计数器数据显示。每个字（16 位）代表一个定时器/计数器的当前数值信息。

【F3】键（I～Q 区）:输入点和输出点信息。可通【PgDn】和【PgUp】进行 I 区、Q 区切换。

【F4】键（F 数据区）:CNC 到 PLC 信息交换区。

【F5】键（G 数据区）:PLC 到 CNC 信息交换区。

【F6】键（V 数据区）:中间单元。

以上信息一般通过【F1】～【F6】键快速定位到功能区后,再通过【PgDn】和【PgUp】翻到相应的 PLC 页面进行显示。

5.7.4　查看 PLC 输入点状态

2000MA 系统提供 32 个机床 I/O 输入点,2000TA 系统提供 20 个机床 I/O 输入点。

在 PLC 显示界面中默认显示输入状态,以 2000MA 系统为例,如图 5-26 所示,图中加方框的部分显示的是机床 I/O 输入点,共 32 个。

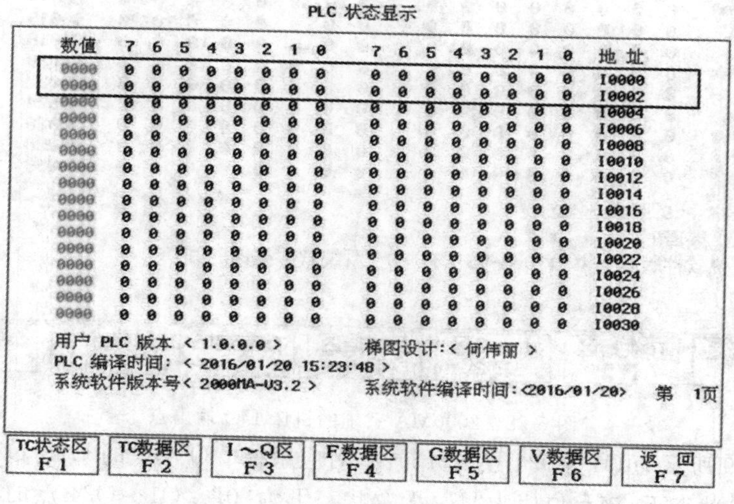

图 5-26　2000MA 系统的机床 I/O 输入点

图 5-27 所示为 I1～I32 点的分布图,对应系统 I/O 模块的 I1～I32 点。在输入点有效的状态下,该点位应为"1",无效状态下为"0"。I1～I32 点的具体定义请查看附录 C PLC 机床输入输出定义表。

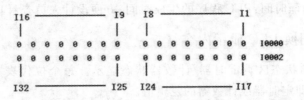

图 5-27　2000MA 系统的机床输入点分布

5.7.5　查看 PLC 输出点状态

2000MA 系统提供 24 个机床 I/O 输出点,2000TA 系统提供 16 个机床 I/O 输出点。

在 PLC 显示界面中默认显示输入状态,这时按下翻页键可进入输出状态监视画面,以 2000MA 系统为例,如图 5-28 所示,图中方框的部分显示的是机床 I/O 输出点,共 24 个。

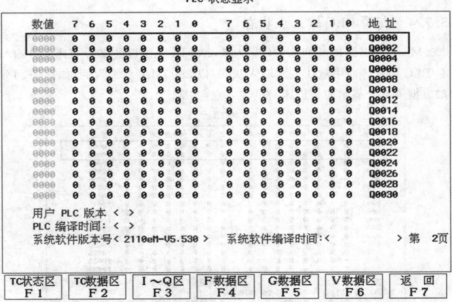

图 5-28　2000MA 系统的机床 I/O 输出点

图 5-29 所示为 O1～O24 点的分布图,对应系统 I/O 模块的 O1～O24 点。在输出点有效的状态下,该点位应为"1",无效状态下为"0"。O1～O24 点的具体定义请

查看附录 C PLC 机床输入输出定义表。

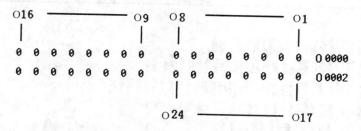

图 5-29 2000MA 系统的机床输出点分布

5.7.6 PLC 软件的更新

2000TA 车床数控系统采用开放式编程,编程环境符合 IEC61131-3 标准,用户可以在上位机使用 EasyProg_HTSK 编程软件进行逻辑动作的编辑,再通过 U 盘传输到系统中。2000TA 系统为用户提供了一个传输软件,可以通过简单的操作来更新 PLC,以满足用户的要求。下面介绍传输方法,以及传输软件的使用。

第一步:用户使用 EasyProg_HTSK 编程软件编译 PLC 程序,编译后在 PLC 目录中会产生一个 21et.obj 的文件,如图 5-30 所示。

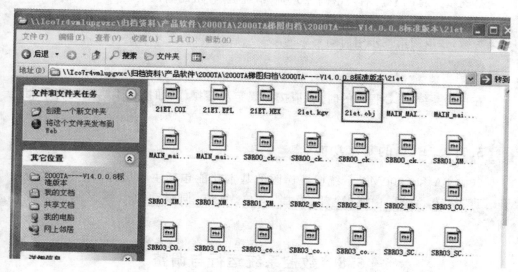

图 5-30 PLC 目录中的文件

第二步:把 21et.obj 文件拷贝到 U 盘根目录下。

第三步:系统断电插上 U 盘,再上电,此时会有一个启动菜单,用其第二项来加载 USB 驱动程序,启动系统。

第四步:进入系统后在自动画面下一起按【Shift】和【F1】键退出系统,此时画面会显示"C：\21ET＞_"，按【U】键进入传输软件。操作说明如图 5-31 所示。

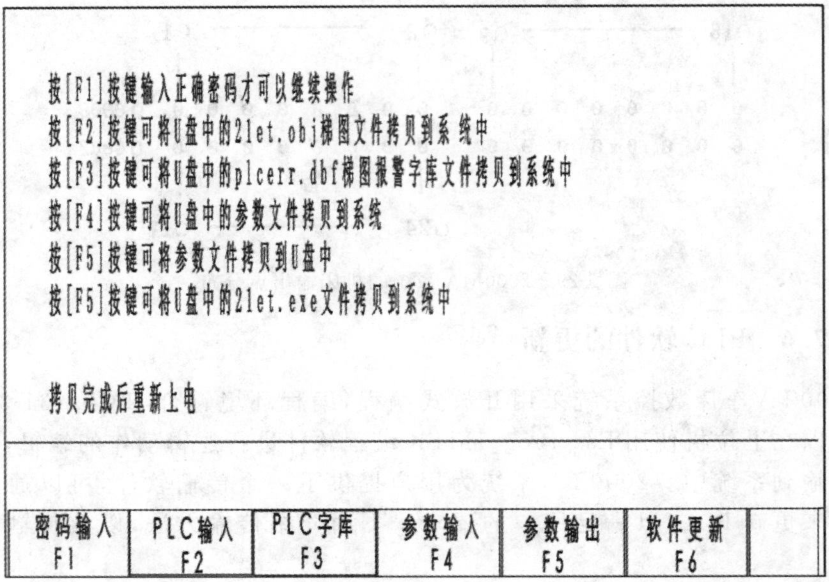

```
按[F1]按键输入正确密码才可以继续操作
按[F2]按键可将U盘中的21et.obj梯图文件拷贝到系统中
按[F3]按键可将U盘中的plcerr.dbf梯图报警字库文件拷贝到系统中
按[F4]按键可将U盘中的参数文件拷贝到系统
按[F5]按键可将参数文件拷贝到U盘中
按[F5]按键可将U盘中的21et.exe文件拷贝到系统中


拷贝完成后重新上电
```

密码输入 F1	PLC输入 F2	PLC字库 F3	参数输入 F4	参数输出 F5	软件更新 F6	

图 5-31　U 盘传输操作说明

第五步：按【F1】键，输入密码"2000"，系统提示"密码输入正确"。

第六步：按照提示按【F2】键进行 PLC 的更新。如果成功，系统提示"更新成功"；如果失败，请返回第三步用启动菜单的第一项启动，再按照步骤进行更新。

注意

在更新系统 PLC 程序的时候，请按照规定步骤操作，如操作不当系统将不能正常工作。

5.7.7　PLC 的基本功能

2000TA 和 2000MA 系统标准梯图的基本功能包括主轴启停、卡盘夹紧与松开、刀架旋转、润滑、尾座、冷却、换挡、急停、复位、伺服动力电源控制及报警检测等。

5.8　数控系统运行与调整

5.8.1　运行前检查

1. 接线检查

为确保所有的电缆连接正确，应特别注意检查以下几项。

● 电动机驱动电缆的相序必须按照规定的方法连接,否则易出现飞车,发生危险。

● 伺服驱动器的反馈电缆、电动机的驱动电缆与系统相连接的控制电缆必须一一对应。

● 确保所有的地线可靠并正确连接。

2. 电源检查

● 确保电路中各部分电源的规格正确。

● 确保电路中各部分电源的电压正确,极性连接正确。

● 确保电路中各部分变压器的规格和进线、出线方向连接正确。

3. 设备检查

● 检查数控系统、伺服驱动器、液/气压装置电器、刀架/刀具控制电器、冷却控制电器、卡盘控制电器、主轴控制电器、润滑控制电器是否正常。

● 确保各台电动机已与机械传动部分脱离,并可靠放置或固定。

● 确保所有电源开关关闭。

5.8.2 试运行

1. 通电

系统通电与断电前都应该先按下急停按钮,以避免因参数等错误造成飞车现象或其他危险事故。

● 按下急停按钮,确保系统中所有断路器断开。

● 接通电柜主电源断路器,电柜风扇应转动正常。

● 接通控制交流 220 V 的开关,检查 220 V 电源是否正常。

● 检查设备用到的其他电源是否正常。

● 伺服驱动器通电。

● 数控系统通电。

2. 参数设置

在检查无误的情况下,可以对系统进行加电操作。系统第一次上电,首先应该核对设备的配置参数等。参数设置步骤参看 5.6.1 节。

1) 机床常用设置参数

● 轴方向标志(A11):检查电动机转动方向与机床进给方向是否一致,如不一致,修改 A11 参数中相关参数设置。

参数默认值为 0,表示轴正向运动时,电动机逆时针旋转。

● 编码器线数(D9~D11):编码器旋转一周编码器输出的脉冲数。应根据所选伺服电动机编码器型号修改相关参数。

● 螺距(D17~D19):螺距为伺服轴编码器旋转一周机床对应轴移动的距离。根据机床设计要求,修改相关参数。

● 伺服电动机最高转速（D49～D51）：根据所配伺服、电动机不同，要进行相应修改。

● 主轴最高转速限制（D81～D84）：根据变频器和主轴电动机最高转速设定。

● 反向间隙（D97～D99）：根据实际测量设定间隙值。

其他相关参数的详细说明见附录。

2）伺服驱动器常用参数设置

● 参数密码 PA0：为密码参数，防止参数被误修改。

● 驱动器型号参数 PA1：需要根据所配电动机型号来修改相应的值。

● 控制方式 PA4：通过此参数设置驱动器的控制方式。数值 1 为速度控制，数值 0 为位置控制。

● 速度比例增益 PA5：设定速度环调节器的比例增益，根据电动机型号和机床负载进行调整。

● 速度积分时间常数 PA6：设定速度环调节器的积分时间常数，根据电动机型号和机床负载进行调整。

● 位置比例增益 PA9：设定位置环调节器的比例增益，根据电动机型号和机床负载进行调整。

● 位置指令脉冲分频 PA12、PA13：在位置控制方式下，通过设置此参数，可以方便地与各种脉冲源相匹配，达到用户理想的控制分辨率。

● 其他相关参数的详细说明见附录。

3. PLC 修改

在接线时一定要按照机床对应的 PLC 使用说明正确接线，否则可能出现误动作。

● 按梯图程序要求接好各轴硬限位；

● 按梯图程序要求接好各输入输出点；

● 按梯图程序要求接好各报警（主轴变频器报警、冷却泵电动机报警、润滑油位低报警）输入点，如某一报警输入没有，将相应梯图报警位屏蔽。

5.8.3　机床连接调试

在参数设置和 PLC 修改以后，要对进给轴进行通电运行，确保进给部分能正常运行，否则无法进行后续调试。

1. 进给调试

● 松开系统面板上的急停按钮，接通伺服驱动器的使能信号，松开抱闸。

● 在手动方式或者手摇方式下，控制电动机运行，检查机床移动方向和移动距离是否与数控系统所发出的位移和方向指令一致。否则需修改轴参数中的电子齿轮比及轴方向参数。

● 根据机械传动的情况及设计要求，正确设置各个坐标轴的最高移动速度、最高加工速度、回零点速度、回零点定位速度。

● 根据机械传动的情况,调整各个坐标轴的系统参数及伺服驱动相关参数,使各个坐标轴既能快速响应,又不对电动机及机械传动部分冲击太大。原则是电动机在启动、停止和加、减速时,伺服驱动器的输出电流不要太大。

2. 伺服的零点调试

一般情况下,出厂时伺服零点已经调试好了,但是有时在机床装配时伺服与系统不一定是按出厂的配套情况装配的,或者现场更换系统或伺服,这些情况下应该调整一下零点。建议用如下方法进行调试。

● 将数控系统的显示坐标调到"跟踪误差"方式,在伺服停止的情况下查看跟踪误差值,最好的状态该值应该为 01(脉冲值),如果误差值在 010 个脉冲值内可以认为符合要求。

● 如果偏差较大,把伺服驱动调到"零偏补偿"方式下,调整零偏参数,使数控系统屏幕上的"跟踪误差"值达到最小并存储该参数。

3. 主轴调试

● 检查主轴驱动单元的参数是否设置正确。

● 用主轴速度控制指令(S 指令,PLC 程序实现)改变主轴转速,检查主轴速度的变化是否正确。

● 检查主轴换挡功能。

● 调整主轴驱动单元的参数,使其处于最佳工作状态。

4. 伺服、系统增益的联合调试

伺服和系统增益的合理与否对机床的加工精度有一定的影响。一般来说,装机之前增益的调整是比较粗的调整,但是做得好也可以基本达到联机的要求。如何确定增益的合理性?以下办法可供参考(以使用数字伺服为例)。

● 脱机调试(不联机床):一般在脱机状态下,将伺服的增益尽可能调大,以不产生振荡为宜。为了便于批量生产,可以在实验的基础上确定一个可用的参数。

● 联机调试:在联机状态下调整伺服增益。数控系统显示"跟踪误差",各轴以 F100、F300 的速度匀速运行,观察并记录误差值。根据下面的公式计算各轴的系数 A:

$$A = \frac{跟踪误差 \times 螺距}{编码器分辨率 \times 4}$$

式中:跟踪误差值的单位是脉冲;

编码器分辨率的单位是脉冲;

螺距的单位是微米。

如果各轴的系数 A 相等或误差值较小(误差值越小越好),机床加工的集合精度就会越好。

如果各轴计算出来的系数 A 误差值较大,就需要调整伺服的增益来减小该系数的误差。

5. 软限位设置

在机床能运行后,应设置软限位坐标,以保证机床运行的安全。

● 在手动方式或手摇方式下,将进给轴运动到正负两端适当的安全位置(可根据机床行程和机床结构分布确定),记下此时机床坐标轴的位置,分别填入轴参数中"正软极限坐标"和"负软极限坐标"。

● 设置好软极限坐标之后,需要使机床重新回参考点,才能生效。

5.8.4　机床误差补偿

完成机床连接调试后,需要对机床的几何精度进行测试与调整,包括工作台的水平、垂直等精度。机床的机械传动精度是否达到设计要求,可以通过测量机床各坐标轴全行程范围内不同位置的反向间隙与重复定位精度进行简单的判断。

机床误差补偿内容主要包括反向间隙补偿和螺距误差补偿两种,可以使用百分表、量块或激光干涉仪测量。

1. 反向间隙补偿

反向间隙的检测方法为将标准百分表固定在刀架上,使百分表的探针碰触到某一固定物体。

2. 螺距误差补偿

螺距误差补偿分单向补偿和双向补偿两种。单向补偿是指进给轴正、反向移动采用相同的数据补偿,双向补偿是指进给轴正、反向移动分别采用各自不同的数据补偿。

3. 与螺距误差补偿功能有关的参数

(1) 螺补标志(8 位)A9。

D0～D2＝1 时,X 轴到第 3 轴螺距补偿有效;

D0～D2＝0 时,X 轴到第 3 轴螺距补偿无效。

(2) X 轴螺距补偿值 B1～B256。

(3) Z 轴螺距补偿值 B513～B768。

(4) 螺距补偿起始点(－99999.999～0,单位:mm)F161X 轴、F163Z 轴。

螺距补偿零点是第一螺补点距回零点的距离。(注意,螺距补偿起点值为零时螺补功能无效。)

(5) 螺补间隔值(0～99999.999,单位:mm)F169X 轴、F171Z 轴。

螺补间隔值是相邻的两个螺补点之间的距离。(注意,螺补间隔值为零时螺补功能无效。)

4. 螺距误差补偿方法

（1）螺补值的测量按下述步骤进行（以 X 轴为例）。

● 确定螺补起点（F161）和螺补间隔值（F169）。螺距补偿零点值和螺补间隔值不能为零。

● 设置参数使螺补功能无效，使参数 A9 的 D0＝0。

● 编写测量程序。

测量程序的动作过程如图 5-32 所示。

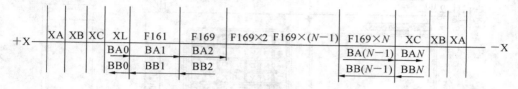

图 5-32　测量程序过程图

XA——急停限位；

XB——限位；

XC——软限位；

XL——机床零点；

BA0～BAN——向负方向运动时的测量点；

BB0～BBN——向正方向运动时的测量点；

BB0 点向正方向运动后回到螺补起点的动作和 BBN 点向负方向运动后回到螺补点的动作是为了消除反向间隙的影响。

一般情况下，在 BA1 点将读数清零。

（2）相对螺补值的计算方法如下。

读数为正时，机床运动距离比标称值大；读数为负时，机床运动距离比标称值小。

$$B1 = \frac{BA0 - BA1(\mu m) \times 参数\ D9 \times 4}{参数\ D17}$$

$$B2 = \frac{BA1 - BA2(\mu m) \times 参数\ D9 \times 4}{参数\ D17}$$

$$B3 = \frac{BA2 - BA3(\mu m) \times 参数\ D9 \times 4}{参数\ D17}$$

$$\vdots$$

$$BN = \frac{BA(N-1) - BAN(\mu m) \times 参数\ D9 \times 4}{参数\ D17}$$

（3）螺补值的填写。

填写计算得到的螺补参数（B1～B256）。使参数 A9 的 D0＝1，然后运行测量程序校验螺补结果。校验结束后，如合格则可以进行下一个轴的螺距补偿。

5.9　航天数控 2000 系列数控装置的安装尺寸

数控装置的安装尺寸如图 5-33 至图 5-36 所示。

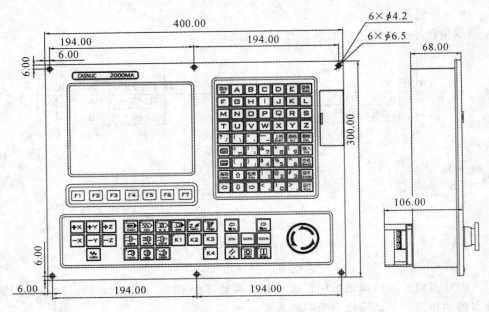

图 5-33　主机安装尺寸

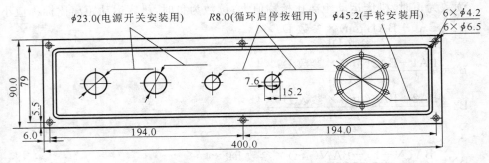

图 5-34　附加面板(横版)安装尺寸

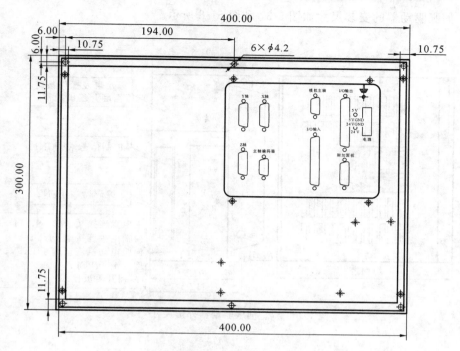

图 5-35 后盖尺寸

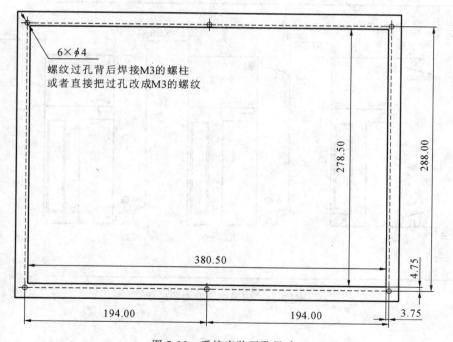

图 5-36 系统安装开孔尺寸

伺服驱动器的安装尺寸如图 5-37 和图 5-38 所示。

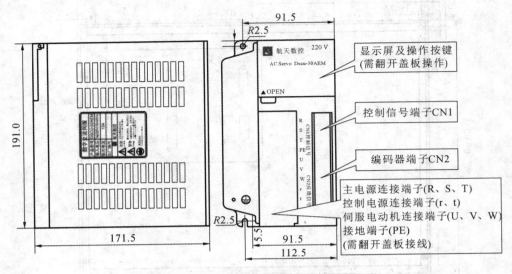

图 5-37　伺服驱动器外形尺寸

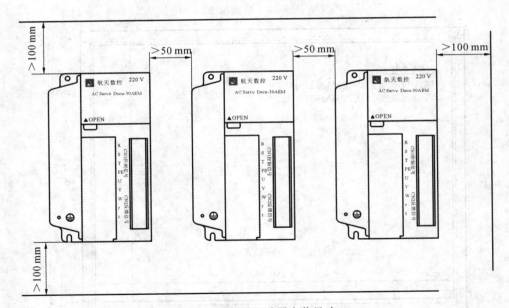

图 5-38　伺服驱动器安装尺寸

5.10 航天数控系统装置强电连接示意图

数控车床强电连接示意图如图 5-39、图 5-40 所示。

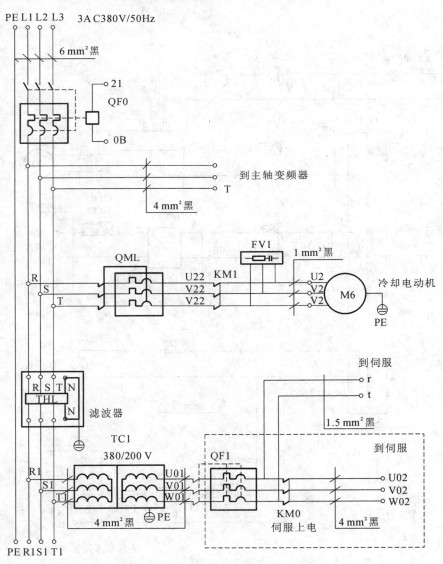

图 5-39 数控车床强电示意图 1

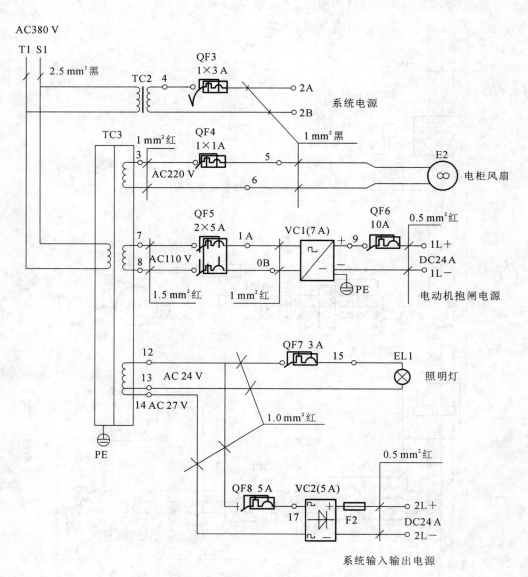

图 5-40　数控车床强电示意图 2

数控铣床强电连接示意图如图 5-41、图 5-42 所示。

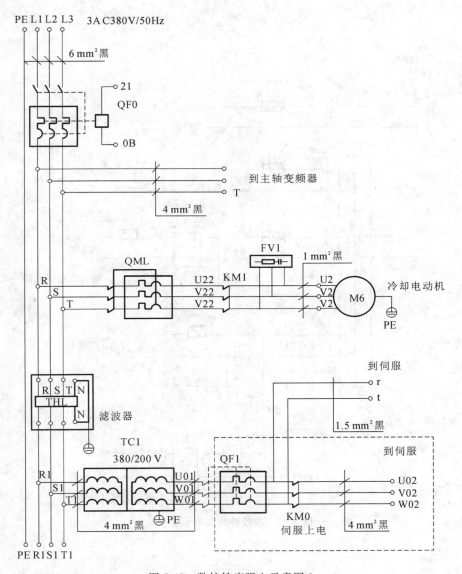

图 5-41 数控铣床强电示意图 1

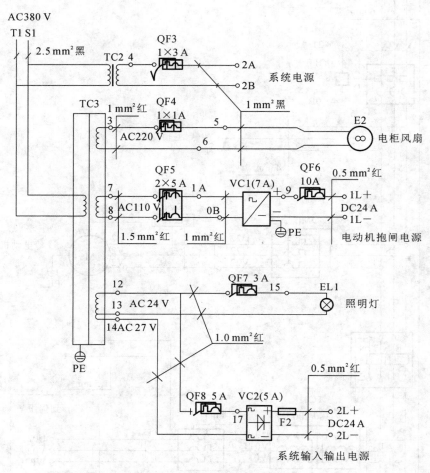

图 5-42　数控铣床强电示意图 2

6.1　故障与故障分析

故障是指在数控装置联机或运行过程中发生的导致数控装置丧失全部或部分规定功能的现象。由于数控装置结构复杂,产生故障的原因涉及软件、硬件、外部、人为等各种因素,所以当故障发生时,正确的分析是排除故障的关键。故障发生前,往往会发生各种征兆,如:声音、振动、温度、报警等。在系统的使用过程中,为了方便分析和排除故障,应保留设备的原始资料,还要随时记录机床运行情况及故障出现时数控系统的操作方式、故障现象、液晶屏幕上显示的报警号等。这些记录可为后续分析原因、查找故障提供重要的依据。

数控机床发生故障时,操作人员应首先停止运行机床,保护现场,然后对故障进行尽可能详细的记录,并及时通知维修人员。

6.1.1　故障记录

维修人员通过收集的资料进行综合分析、推理判断是故障排除的关键,故障记录可为维修人员尽早排除故障提供重要依据,所以发生故障时首先要对故障进行记录,并保证故障记录应尽可能详细。记录内容最好包括下述几个方面。

1. 故障发生时的状态

如发生故障的机床型号、系统型号、软件梯图版本号等,发生故障时系统所处的操作方式、报警信息、各坐标轴所处位置等。

2. 记录故障发生的频繁程度及规律性

记录故障发生的时间与周期、环境情况。检查故障是否与"进给速度"、"换刀方式"或是"螺纹切削"等特殊动作有关,是否可以重现故障现象,其他相邻机床是否发生同一故障。

3. 记录故障发生时的外界条件

故障发生时周围环境温度是否超过允许温度,是否有局部的高温存在;是否有强烈的振动源存在;是否有使用大电流的装置正在启动、制动。

4. 报修时提供详细的故障情况

系统发生故障后,如果不能自行排除,则应及时与维修部门联系,以便尽快修复。切勿盲目拆卸、调试,以免造成更多的故障和损失。与维修部门联系时,应准确说明数控机床的型号,数控系统的名称、型号、出厂的序列号、软件梯图版本号,以及是否有备件等信息。

6.1.2　故障分类

1. 数控系统故障

数控系统故障一般分为硬件故障、软故障及其他一些外部原因引起的故障。

硬件故障可能是电路损坏或者外部连接电缆接插不牢固等原因造成的,可通过交换法来确定故障部位。

软故障可能是数控系统机床参数设置不当或者参数因意外发生变化或混乱等原因造成的,需要通过重启系统、调整参数来解决。

其他原因引起的数控系统故障多种多样,有时供电电源出现问题或缓冲电池失效也会引起系统故障。如在自动加工过程中,系统突然掉电,可能是因为电网电压向下波动时,引起电源电压降低,导致数控系统采取保护措施,自动断电。

2. 伺服系统的故障

由于数控系统的控制核心是对机床的进给部分进行数字控制,而进给是由伺服单元控制伺服电动机带动滚珠丝杠来实现的,并由旋转编码器作位置反馈元件,形成半闭环的位置控制系统。所以伺服系统在数控机床上起的作用相当重要。伺服系统的故障一般都是由伺服控制单元、伺服电动机、测速电动机、编码器等出现问题引起的。

3. 外部故障

现在数控系统的可靠性越来越高,故障率越来越低,很少发生故障。大部分故障都是非系统故障,是由外部原因引起的。

这类故障主要是由于操作、调整、处理不当,或者由检测开关、液压系统、气动系统、电气执行元件、机械装置等出现问题引起的。前者在设备使用初期发生的频率较高,主要是由于操作人员和维护人员对设备都不是特别熟悉;后者主要是外部配套的设备损坏,比较容易定位及维修。

发现问题是解决问题的第一步,而且是最重要的一步。特别是对数控机床的外部故障,有时诊断过程会比较复杂,但只要发现问题所在,解决起来就比较轻松。对外部故障的诊断,我们总结出两点经验:首先应熟练掌握机床的工作原理和动作顺序;其次要熟练运用厂方提供的 PLC 梯图,利用数控系统的状态显示功能或用外部编程器监测 PLC 的运行状态,根据梯图的链锁关系,确定故障点。只要做到以上两点,一般数控机床的外部故障都能及时排除。

6.1.3 故障诊断的基本方法

数控机床电气系统故障的调查、分析与诊断的过程也就是故障的排除过程,一旦查明了原因,故障几乎就排除了。因此故障分析诊断的方法十分重要。常用诊断方法综述如表 6-1 所示。

表 6-1 故障诊断的基本方法

序号	名 称	诊 断 方 法
1	直观检查法	询问:故障产生的现象、过程及后果等
		观察:查看机床各部分的工作状态
		触摸:在断电条件下触摸各主要电路板、插头插座、各功率及信号导线等,判断其是否正常
		通电:瞬间通电检查有无冒烟、打火现象,有无异常声音、气味等,一旦发现异常现象立即断电分析
2	仪器检查法	使用常规电工仪表,对各组交、直流电源电压和相关直流及脉冲信号等进行测量,确定可能存在的故障
3	信号与报警指示分析法	硬件报警指示:观察各种状态和故障指示灯,结合指示灯状态和相应的功能说明便可获知指示内容及故障原因与排除方法
		软件报警指示:依据显示的报警号对照相应的诊断说明手册便可获知可能的故障原因及故障排除方法
4	备件置换法	在有相同备件的条件下可以先将备件换上,然后再去检查修复故障板
5	交叉换位法	可以将系统中相同或相兼容的两个板互换检查

6.1.4 故障排除的基本方法

1. 询问调查

在机床出现故障要求排除的时候,首先应要求操作者尽量保持现场故障状态,不做任何处理,这样有利于迅速精确地分析故障原因。同时仔细询问故障指示情况、故障表象及故障产生的背景情况,依此做出初步判断,以便确定现场排查所需的工具、仪表、图纸资料、备件等,减少往返时间。

2. 现场检查

到达现场后,首先要验证操作者所提供信息的准确性、完整性,从而核实初步判断的准确度。由于操作者的水平不同,对故障状况描述不清甚至完全不准确的情况偶有出现,因此到现场后仍然不要急于动手处理,应重新仔细调查各种情况,以免破坏了现场,使排除故障难度增加。

3. 故障分析

根据已知的故障状况按上节所述故障分类分析故障类型,从而确定排除故障的原则。由于大多数故障是有提示的,所以一般情况下,参照机床配套的数控系统诊断手册和使用说明书,可以列出产生该故障的多种可能的原因并进行分析。

4. 确定原因

对多种可能的原因进行排查,并从中找出本次故障的真正原因。这是对维修人员对该机床熟悉程度、知识水平、实践经验和分析判断能力的综合考验。

5. 排故准备

有的故障的排除方法可能很简单,有的则相对复杂,所以排除故障前需要做一系列的准备工作,例如工具仪表的准备、局部的拆卸、零部件的修理,元器件的采购甚至排除故障计划步骤的制订等。

6.1.5 案例分析

故障现象 1 系统出现 X(Y、Z)正向限位报警或 X(Y、Z)负向限位报警。

分析可能主要有以下几点原因。

(1) 机床运动时限位挡块碰到限位开关。

解决方法:在自动执行程序过程中或手动移动坐标时发生限位报警,此时所有进给伺服停止运动,一般出现限位报警,需要退出自动方式,在手动方式下退出报警区。在退出限位之前,建议进行如下检查:① 限位挡块是否碰到限位开关;② 是否到了软限位限定的位置。

(2) 机床回零后,运动到了软限位的位置。

解决方法:这种情况一般发生在机床重新进行接线以后,一旦发生限位报警,无法退出限位报警状态,且限位报警方向或报警轴与实际不符,此时应进行如下检查:① 检查限位开关方向或限位信号与轴的对应关系是否有误;② 检查限位报警开关有关部分的工作状态,手按相应限位开关,通过 PLC 显示画面检查相应输入点的状态,如果可以出现 0~1 的变化,表明输入电路正常(限位开关进水可能造成开关失灵)。

(3) 限位开关器件或其连线故障。

(4) 与限位信号相关的 +24 V 电源故障。

(5) 数控系统的 I/O 板与限位输入点相关的电路故障。

(6) 维修机床时,限位开关接线,将应接在常闭点的接在常开点上,从而造成不能进行限位报警的故障。

故障现象 2 程序指令错误。

产生原因:程序中有非法字母或语法错误。

解决方法:进入自动执行方式,如果存在已经选中的加工程序,系统马上就对该程序进行语法检查,如果加工程序存在语法错误,则发出"程序指令错误"报警,同时禁止执行该程序,直至错误被消除;此时,进入程序编辑模式,对照操作说明检查程序,修正加工程序中的语法错误。

故障现象 3　X(Y、Z、A、B)轴反馈线断。

产生原因：数控系统通过断线检测电路检测到断线信号。

报警时，屏幕右下角显示"X(Y、Z)轴反馈线断"，伺服电动机使能信号被切断。

故障检查及处理方法如下。

(1) 配用传统伺服的检查及处理方法(编码器直接连接系统)。

① 检查反馈电缆是否接好，插头是否松动；若松动，重新接好或更换反馈电缆。

② 检查反馈电缆中间是否断线，此种情况有时表现在报警轴运动到某个固定位置时容易发生报警。

③ 检查编码器是否损坏；若损坏，更换编码器。

④ 检查数控系统编码器检测电路是否故障；若电路有问题，需更换接口板或维修相应电路。

(2) 配用数字伺服的检查及处理方法(编码器与伺服相接的类型。)

① 检查数控系统到伺服的控制电缆是否接好，插头是否松动；若松动，重新接好或更换电缆。

② 用测试插头替换伺服插头，如果报警消失，说明系统正常，故障在电缆或伺服，否则说明检测电路有故障。若电路有问题，需更换接口板或维修相应电路。

③ 在允许的情况下，互换 X 轴、Z 轴的控制线，如果报警信息变成另一个轴，则是电缆故障，如果报警信息不变，则判断是检测电路或伺服故障。

故障现象 4　X(Y、Z、C)轴伺服未准备。

产生此故障现象的可能原因如下：

- 负载超过驱动器的能力，驱动器正常保护；
- 给定电缆断线；
- 给定电缆未接好；
- 位置板＋24 V 电源故障；
- 位置板＋24 V 电源线未接好；
- 伺服驱动器故障；
- 伺服电动机故障；
- 位置板伺服状态监测电路故障；
- 编码器故障(一般这种情况的出现是使用了数字伺服，此时编码器出现故障将会产生伺服未准备报警)。

故障说明：报警时，屏幕右下角显示"X(Y、Z、C)轴伺服未准备"，伺服电动机使能信号被切断。

检查及处理方法如下。

(1) 对于驱动器正常保护，应该检查机械部分有无异常现象。可将电源关闭，用手转动相关机械部分，以便发现故障，并排除故障。

(2) 如果不是机械故障，在断电的情况下，将伺服电动机断开，重新加电，如果报警消除,则请进一步确定是电动机、驱动电缆故障还是驱动器故障。

（3）在可能的情况下,使用测试插头是比较方便的办法。测试插头插到报警轴的插座上,报警依旧,则说明数控系统出现故障;如果报警消除了,说明是电缆或伺服故障,需再进一步检查确定。

（4）如果没有测试插头,在保证安全的前提下,可以互换两轴伺服驱动器,如果"伺服未准备"故障报警显示换成另一个轴,一般是伺服、电缆或电动机等互换轴的部件故障;更换相应部件。

（5）如果"伺服未准备"故障报警显示还是和刚才相同,一般是伺服驱动器以外未曾检测到的部位的故障。例如:数控系统的伺服检测电路故障;伺服电动机故障也可能表现为伺服未准备报警;与检测电路连接的 24 V 电源及连线故障等也会出现伺服未准备报警。

（6）如果按步骤（3）检查时,故障消失,则最大的可能是插头接触不良或电缆中间有断线的现象。

（7）通过检查编码器连线,确认是编码器故障还是相关连线故障。

（8）伺服电动机检查方法:首先检查电动机是否进水,编码器是否进水,还可以进行线圈绝缘、通导等常规检查,有条件时用可替换的伺服电动机进行替换验证。验证时一定要防止出现其他安全方面的问题。

故障现象 5　主轴错误。

产生原因:系统主轴执行恒线速的功能时计算出错。加工程序中,执行恒线速功能后,X 轴指令出现负值,致使无法计算主轴速度。

故障说明:报警时,屏幕上 X 轴的坐标值显示为"0"或负值。

检查及处理方法如下。

（1）检查加工程序的工件坐标系设置,X 轴在加工中任何情况下最小值应大于或等于 0;如果是坐标系设置得不对,请重新设置坐标系,最好使旋转中心的 X 坐标值等于 0。

（2）如果工作坐标系正确,应继续检查工件程序本身,尤其是使用增量值编程时,是否存在 X 轴出现负值的问题。若程序有问题,请重新编写程序。

故障现象 6　溢出。

产生原因:锥螺纹的切削锥角大于等于 90°,半角大于或等于 45°。

故障说明:加工程序执行螺纹程序时,如果锥螺纹的切削锥角大于或等于 90°,半角大于或等于 45°时,系统报警,停止执行程序,此时应检查螺纹程序。

检查及处理方法:修正加工程序,系统重新上电。

故障现象 7　螺距错误。

产生原因:系统参数中的螺距值为非法螺距。例如 CASNUC 2000 车床系统中合法螺距范围:X 轴为 $500\sim18000\ \mu m$;Z 轴为 $1000\sim36000\ \mu m$。这里的螺距指的是机床丝杠螺距参数。

当发生故障时,系统右下角显示报警信息,同时电动机使能信号切断。此时应该进入系统参数方式,检查螺距参数。例如:CASNUC 2000 参数 D17 表示 X 轴螺距(半径值)。

检查及处理方法:修改错误参数,重新加电。

故障现象 8 螺纹过速。

产生原因:主轴转速与螺纹导程的乘积超过数控系统限速值允许的速度。

故障说明:加工程序执行到螺纹程序段时产生的报警。

当发生故障时,检查螺纹程序中螺纹导程、主轴转速与系统各轴的最高速度关系应满足:

$$S×F≤Z 轴限速值 \quad 或 \quad S×F≤X 轴限速值$$

其中 S 为主轴转速,F 为螺纹导程。

检查及处理方法:降低主轴转速,使其满足上面的关系式。如果机床和伺服驱动器都允许,可以提高系统的 G0 限速值,但是也必须满足伺服最高速度、螺纹导程与主轴转速之间的关系式。

故障现象 9 急停报警。

产生原因:数控系统检测到急停信号。

报警说明:报警时,屏幕右下角显示"急停",伺服电动机被释放。

检查以下几点。

(1) 检查急停开关是否有被压下,正常情况下触点应该常通;

(2) 检查与急停回路相连的+24V 电源是否正常;

(3) 对照电路图检查急停接线是否良好;

(4) 检查数控系统急停信号接收电路是否损坏。

故障现象 10 X(Y、Z)轴跟踪误差过大。

产生原因:当数控系统命令电动机运行,电动机不动或是数控系统检测到的速度与命令之间的误差超过允许的范围,系统报警"跟踪误差过大"。

故障说明:跟踪误差过大一般出现在数控系统使电动机运动的过程中,如果电动机的运行比数控系统要求的慢,屏幕右下角显示此报警,伺服使能被断开。

检查以下几点。

(1) 检查伺服驱动输出的连线是否接通。

(2) 检查伺服驱动器的主回路供电是否正常。

(3) 检查给定电缆线或插头接触是否良好。

(4) 验证电动机编码器反馈到系统的数据是否正常。低速运行电动机,观察脉冲锁存是否正常。

(5) 检查系统参数中的高速限速值是否超出了电动机允许的速度。一般系统高速限速值应小于或等于电动机的额定转速与等效丝杠螺距的乘积。

(6) 编码器参数填的不对造成电动机实际超速运行。此时一般指令距离与实际距离不相等,造成位置误差过大,请确认编码器参数值是否与所用电动机匹配。

（7）伺服的增益过小，也是造成跟踪误差过大的原因之一，可调整伺服增益。

（8）高速运行时经常发生此类报警，一般是由于电动机的转矩与实际转矩不匹配。也就是说电动机的转矩小于实际的转矩。原因可能是机械故障，也可能是供电电压低造成的伺服电动机输出转矩减小，或直流电动机的碳刷部位没清理，造成电动机出力不足。

（9）承受位置不同而发生的频率不同，这种情况往往是机械故障造成的，可手盘动丝杠，检查是否有明显力矩增大或力矩不均现象。

（10）加电后电动机"不受控"而产生运动，检查 VCMD 信号、反馈信号等，如果都正常，可判伺服故障。

（11）不加电时，如果故障轴有抱闸且已经采取措施松开，电动机还无法手动转动，则是电动机或机械故障（此种操作一定要小心，必须采取预防措施防止溜车）。

故障现象 11 数控系统不能启动。

出现此情形，应进行以下几项检查。

（1）检查系统电源进线是否有 AC 380 V 输入或缺相。

（2）检查隔离变压器 AC 220 V 是否有输出并加到数控直流电源的输入端。

（3）控制柜开门断电控制是否失灵。

（4）机床电源控制按钮是否失灵。

（5）配电盘接触器是否失灵。

（6）系统直流电源的进线、插头的连接是否正常。

参考电路图检查，为避免电荷感应造成电路接通的假象，在带电检查电路是否接通时，应用电压表检测。如果有损坏部分，维修或更换相应部件。

故障现象 12 机床运行速度单方向不稳定，有时会产生报警。

（1）机械故障。

断电的情况下检查丝杠，两个方向松紧应均匀，不应有明显的松紧不均或转矩过大现象。

（2）伺服驱动单元故障。

如果不是机械原因，应该进一步检查伺服驱动器。在保证安全的情况下，如果可能，可以交换两轴的驱动器，交换后，如果故障现象依旧，而另一轴更换驱动器前后一直正常，则基本可以排除伺服驱动器的原因，否则可以确定是伺服驱动器的原因。

（3）反馈回路故障。

如果反馈回路有问题，不仅速度不稳，而且移动距离不对。

排除方法：排除机械故障、维修或更换伺服驱动单元、维修或更换位置板。

故障现象 13 加电后电动机抖动或运行时电动机抖动。

（1）伺服驱动单元增益过大，造成电动机抖动。

一般这种情况可能是伺服驱动器的增益调整偏高造成的。例如：模拟伺服在低温时调的增益比较大，温度一高，因增益太高而出现抖动。这种情况只要适当减小伺服驱动器的增益即可解决。

另外,新机床的机械摩擦力比较大,伺服增益调得也比较大,用了一段时间后,摩擦力减小了,产生了抖动的现象,处理方法也是适当减小伺服驱动器的增益。

(2) 反馈回路故障。

如果反馈回路计数不正常,也可能产生抖动现象,这时需要确认反馈回路是否能正常准确地计数。可以将系统参数中的"X轴跟踪误差"填成499,观察该轴的反馈脉冲,用手轮的最小当量移动该轴,或断开伺服电动机的驱动线,用手转动编码器,确认反馈计数功能的状态。

(3) 数控系统的 VCMD 信号故障。

这种情况下需要断开有故障的驱动电动机,加电后,在手轮方式下检测 VCMD 信号。一般 VCMD 信号的范围是 ±10 V,对于手轮的每间一个最小当量,VCMD 信号的变化应该是 0.3 mV。如果手轮转动的过程中,VCMD 信号不是跟随手轮的数据变化,而是在数据积累到一定程度时,VCMD 信号出现一次比较大的变化,此时应为数控系统的 VCMD 信号有问题。

解决方法:调整伺服驱动器的增益等参数;维修或更换 VCMD 信号输出电路板或更换接口板。

故障现象 14 数控系统工作中突然掉电。

(1) 系统交流供电回路出现瞬时掉电。

如果周围的设备同时出现类似的现象,则应是供电电网的故障。

(2) 设备的供电回路故障。

如果同一供电回路上,其他设备正常,应该是本设备的供电回路故障。例如:断电按钮接触不良、供电的接触器自保触点接触不良、与本设备供电的空气开关接触不良、供电回路的连线松动等都是设备掉电的原因。

数控系统没有自己给自己上电和断电的能力,因此,遇到这种现象首先应该查找供电回路的原因。如果确认供电回路正常,应进行下一步的检查。

(3) 数控系统的直流电源故障。

与供电回路故障造成整机无电的情况不同,机床强电可以上电,例如:机床灯工作正常等。此时应该检测系统的直流电源。给数控系统供电的直流电源故障可造成系统加不上电。

排除方法:待电网正常后再启动设备;更换损坏的工件和接线,排除接触不良现象;排除数控电源故障或更换电源。

故障现象 15 系统加电时,电动机抖动一下,然后一切正常。

(1) VCMD 零点偏移过大。

如果可能(即可以保证安全、系统还可以正常工作),断电后断开有问题电动机的连线(最好用测试插头代替伺服),重新加电,转到显示反馈脉冲的画面,此时,因伺服没工作,该轴反馈脉冲应该在±1以内。在此基础上,测量该轴的 VCMD 输出,正常值应在±5 V 以内,如果该值偏移过大,说明这部分电路有问题。

(2)伺服零点偏移过大。

在上一步的基础上断电,连接好伺服电动机,重新加电,观看反馈脉冲,调整伺服驱动的零点,直到反馈脉冲数在±1 之内,重新加电,就不应该出现电动机抖一下的现象了。

如果无法将伺服的反馈脉冲调下来或者虽然将零偏脉冲调下来了,但加电时电动机依然抖动,说明驱动器有故障。

解决方法:维修或更换数控系统位置板;维修或更换伺服驱动器。

6.2　数控系统类常见故障

6.2.1　数控装置简介

数控装置习惯称为数控系统,是数控机床的中枢,在普通数控机床中一般由输入装置、控制器、运算器和输出装置组成。数控装置接收输入介质的信息,并将其代码加以识别、储存、运算,输出相应的指令脉冲以驱动伺服系统,进而控制机床动作。在计算机数控机床中,由于计算机本身即含有运算器、控制器等单元,因此其数控装置的作用由一台计算机来完成。

数控装置是对机床进行控制,并完成工件自动加工的专用电子计算机。它接收数字化的工件图样和工艺要求等信息,按照一定的数学模型进行插补运算,用运算结果实时地对机床的各运动坐标进行速度和位置控制,完成工件的加工。

6.2.2　数控装置报警信息(见表6-2)

表 6-2　数控装置报警信息

报警号	含　义	原因及处理方法
201	X轴伺服未就绪	可能的原因: ① X轴控制电缆未连接; ② X轴伺服报警(例如:伺服系统过流、过热、三相电源缺相等); ③ X轴伺服未准备好(例如:伺服系统没有加高压、给伺服加高压的继电器或接触器未吸合、使用二次上电的伺服系统时需 PLC 输出的信号未输出); ④ 给位置板供电的+24 V 电源故障; ⑤ 数控系统出现其他紧急报警(如:跟踪误差过大、电动机过速)后,数控系统主动切断伺服时,也可能显示此报警; ⑥ 在二次上电的伺服系统中,伺服上电延时时间太短(D139 参数)
202	Y轴伺服未就绪	同201

报警号	含　义	原因及处理方法
203	Z轴伺服未就绪	同 201
221	X轴反馈断线	可能的原因： ① X轴控制电缆未连接； ② X轴反馈电缆未连接； ③ X轴反馈电缆中有连线断开； ④ X轴码盘损坏； ⑤ X轴控制接口器件损坏
222	Y轴反馈断线	同 221
223	Z轴反馈断线	同 221
230	X轴正向限位	① X轴手动反向移动可以退出限位区，报警即可解除； ② 限位连线及限位开关故障，修复连线或更换限位开关； ③ +24 V 故障，修复 24 V 电源； ④ 接口板控制电路故障
231	X轴负向限位	同 230
232	Y轴正向限位	同 230
233	Y轴负向限位	同 230
234	Z轴正向限位	同 230
235	Z轴负向限位	同 230
501	X轴实际速度过大	系统检测到的位置变化远大于控制的范围。需重点检查位置控制板、反馈电缆、给定电缆、编码器、伺服驱动器等环节
502	Y轴实际速度过大	同 501
503	Z轴实际速度过大	同 501
509	X轴给定速度过大	由于电动机转速跟不上，系统送到 D/A 转换器的数据超过允许值，即命令值超过 D41 参数设置的允许值
510	Y轴给定速度过大	同 509，Y轴转速限制参数为 D42
511	Z轴给定速度过大	同 509，Z轴转速限制参数为 D43
517	X轴跟踪误差过大	由于电动机转速跟不上，误差值超过参数允许值。可根据实际情况调整跟踪误差参数。X轴跟踪误差参数为 E49
518	Y轴跟踪误差过大	同 517，Y轴跟踪误差参数为 E50
519	Z轴跟踪误差过大	同 517，Z轴跟踪误差参数为 E51
601	系统报警	
602	系统报警	

报警号	含　义	原因及处理方法
603	在非运动程序段建立或取消刀具半径补偿	例如:在 G04、G92 或在加工平面内无坐标移动的程序段中建立或取消刀具半径补偿
604	钻孔循环中有半径补偿	钻孔循环中不能进行半径补偿
605	在 C 刀补过程中,未找到下一行程序	
606	在 C 刀补过程中,非运动的程序段过多	在工件加工程序中,出现连续的多个在加工平面中没有位置移动的程序段
607	在非直线段建立或取消刀具半径补偿	只能在 G01 或 G00 的情况下,建立或取消刀具半径补偿
608	在 C 刀补过程中,平面发生变化	例如:在 C 刀补过程中,G17 加工平面在未取刀补的情况下转为 G18 或 G19 加工平面
609	在坐标转换中,未取消刀具半径补偿	在坐标系转换程序段中,应该取消刀具半径补偿
610	系统错误	
611	急停	
612	加工程序未准备好	在工件加工程序未检索的情况下,运行工件加工程序时,可能的情况如下: ① 程序正在检索中,按启动键或循环启动键; ② 程序未找到或检索失败时,按启动键或循环启动键
613	程序结束时,未取消刀补	
615	手动输入的 M、S、T 代码超出范围	M 代码＞99 或 T 代码＞99 或 S 代码＞9999
616	过切削	
621～637	PLC 报警	根据用户 PLC 实际情况来处理报警,参考用户 PLC 说明书
690	X 轴正向软限位	软限位报警。当机床移动超过参数 E81 设定的位置时,系统报警
691	X 轴负向软限位	说明同 690,相关参数为 E73
692	Y 轴正向软限位	说明同 690,相关参数为 E82
693	Y 轴负向软限位	说明同 690,相关参数为 E74
694	Z 轴正向软限位	说明同 690,相关参数为 E83
695	Z 轴负向软限位	说明同 690,相关参数为 E75

6.2.3　工件加工程序语法及编程错误(见表 6-3)

表 6-3　工件加工程序语法及编程错误

报警号	含　　义	原因及处理方法
1	工件加工程序各组代码之间或字母和数字之间超过 5 个空格	
2	工件加工程序中,字母后未跟数据	
3	工件加工程序中的数据溢出	
4	工件加工程序中的数据超限	
5	小数点后数据超限	
6	工件加工程序中有非法字符	
7	G 代码超过 99	
8	数据过大(>99999.999)	
9	工件加工程序一行超过 80 个字符	
10	M98 后未跟 P 代码	
11	N 代码或 S 代码超过 9999、F 代码超过 24000、M 代码或 T 代码超过 99	
12	调用子程序的堆栈越界	子程序嵌套过多
13	调用的子程序未找到	
14	子程序调用时,重复次数大于 99	
15	子程序调用时,程序号超过 9999	
16	程序中无 M30	
17	固定循环重复次数大于 99	
81	圆弧终点不在半径为 R 的圆弧上	
82	圆弧编程格式错误	
101	译码结果错误	
102	插补准备的数据为零	
103	起始角度处理错误	
104	固定循环加工的动作分解错误	
105	返回参考点的动作分解错误	
106	G73 孔加工循环编程错误	
107	G83 孔加工循环编程错误	
108	G04 等待时间过长	
109	圆弧编程中,圆弧起点、圆弧终点不在同一个圆上	

6.2.4 PLC 报警检测(见表 6-4)

表 6-4　PLC 报警检测

报警号	含　义	正常状态	处理方法
625	开关信号 1 报警,该点断开时报警。 　报警动作:PLC 输出置零,停止强电的动作;禁止数控系统执行加工程序,禁止伺服运动。 　用途:可提示、控制紧急状态,例如主轴报警等	I/O 模块 I12 点为常闭点	对应 I/O 转接模块输入点 I12,该点正常状态下对 24 V 地应该是 24 V 电压,如果不是 24 V电压,请检查 I12 点对应外部设备是否正常
626	开关信号 2 报警,该点断开时报警。 　报警动作:仅显示报警提示信息,不影响 PLC 和系统的工作。 　用途:可提示非紧急状态,例如缺润滑油等	I/O 模块 I13 点为常闭点	对应 I/O 转接模块输入点 I13,该点正常状态下对 24 V 地应该是 24 V 电压,如果不是 24 V 电压,请检查 I13 点对应外部设备是否正常
627	未回零报警	机床进行回零操作	机床未进行回零操作,运行加工程序时会报警,请执行完回零操作后,再运行加工程序
628	刀具未夹紧	I/O 模块 I10 点为常闭点	当执行加工程序时,I/O 模块 I10 点为常开状态,则会报警。请检查 I/O 模块 I10 点对 24 V 地是否是 24 V,如果不是请检查电路部分
629	准停不到位	系统执行 M19 指令或执行 G84 攻丝功能时,主轴进行准停操作;当准停输出在设定时间范围内(此时间可由 H64 参数设定)可检测到准停到位信号(I/O 模块 I16 点)	系统执行 M19 指令或执行 G84 攻丝功能时,主轴进行准停操作;当准停输出超过一定时间(此时间可由 H64 参数设定)后仍检测不到准停到位信号,I/O 模块 I16 点为 24 V 信号,系统报警,准停输出停止。检测准停到位信号(I/O 模块 I16 点)是否正确;可按【复位】按钮清除报警

6.2.5 数控系统类常见故障

数控系统类故障现象和原因多种多样,这里仅列举几类,如表 6-5 所示,以供参考。

表 6-5 数控系统类常见故障

序号	常见故障	可能原因及检查方法
1	数控系统不能接通电源	检查电源变压器是否有交流电源输入; 检查系统输入端直流工作电压(+5 V、+24 V)是否正常; 数控系统电源开关中的【OFF】按钮是否接触不良; 数控机床操作面板的开关是否失灵
2	电源接通后,液晶无辉度或无显示	检查液晶单元输入电压是否正常; 与液晶单元有关的电缆连接不良; 检查主板是否发生报警指示,影响液晶显示
3	机床不能动作	数控系统的【复位】按钮始终处于接通状态; 数控系统处于紧急停止状态; 程序执行时液晶屏上有坐标显示变化而机床不动,应检查机床是否处于锁住状态、进给速度是否被设置为零; 检查系统是否处于报警状态
4	机床不能正常回零,且有报警	脉冲编码器的信号没有输入到主板,检查脉冲编码器的连接电缆是否正常连接; 返回参考点时,机床开始移动点距离基准点太近也会发生报警
5	手摇脉冲器不能工作	检查手轮参数是否设置好(系统是否带手轮功能); 检查机床锁住信号是否有效; 检查主板或系统是否有报警
6	转台回零不准	检查转台回零开关接触是否良好; 关机后将转台侧盖打开,用手压行程开关,检查行程压块、开关座是否正常

6.3 数控伺服电动机类常见故障

伺服电动机在如今的生产中是必不可少的设备。伺服电动机在运转很长一段时间后,内部的一些零部件会慢慢地老化,或者一些人为的因素都会造成伺服电动机在生产中发生一些故障。在应用中伺服电动机常见的故障有哪些?我们该如何分析和维修呢?表 6-6 所示为几种常见故障的举例说明。

表 6-6　伺服电动机常见故障

序号	常见故障	可能原因及检查方法
1	伺服电动机不启动	检查电源是否接通; 伺服电动机内部卡死; 检查编码器信号线是否接通; 伺服电动机选型不对,驱动器设置不正确; 驱动器发生故障
2	伺服电动机发生异响	机械安装不良,如电动机螺丝松动、联轴器轴心未对准、联轴器失去平衡等; 如果是轴承内异响,则检查轴承附近噪声和振动状况; 信号干扰,如输入信号线不符合规格、输入信号线长度不够、编码器信号受到干扰等
3	电动机温度过高	环境温度过高,外部散热空间不够; 电动机表面灰尘过多,负载过大,电源谐波过大或风扇不转

6.4　伺服驱动器类常见故障

数控机床的伺服驱动器包括主轴伺服驱动器及进给伺服驱动器。

进给伺服驱动器的故障约占数控机床全部故障的 1/3,故障现象大致分为两类,如表 6-7 所示。

表 6-7　伺服驱动器类常见故障

序号	常见故障	可能原因及检查方法
1	硬件报警	高压报警,检查电网电压是否稳定; 大电流报警,可能是晶闸管损坏; 电压过低报警,可能是输入电压低于额定值的 85% 或电源线连接不良; 过载报警,检查机械负载是否过大; 速度反馈断线报警,检查反馈线是否连接正常
2	软件报警	伺服进给驱动器出错报警,一般是由于速度控制单元故障或是主控印刷线路板内与位置控制或伺服信号有关部分发生故障; 检测信号引起故障; 过热报警,可能是伺服单元过热、变压器过热及伺服电动机过热等情况

6.5　回参考点类常见故障

6.5.1　回参考点的两种方式

数控机床回参考点时根据检测元件的不同分绝对脉冲编码器方式和增量脉冲编

码器方式两种。使用绝对脉冲编码器作为反馈元件的系统,在机床安装调试后,正常使用过程中,只要绝对脉冲编码器的电池有效,此后每次开机都不必再进行回参考点操作。而使用增量脉冲编码器的系统,机床每次开机后都必须首先进行回参考点操作,以确定机床的坐标原点。寻找参考点主要与零点开关、编码器或光栅尺的零点脉冲有关,一般有两种方式。

（1）轴向预定点方向快速运动,挡块压下零点开关后减速,回零轴向前继续运动,直到挡块脱离零点开关后,数控系统开始寻找零点;当接收到第一个零点脉冲信号时,确定参考点位置。

（2）轴快速按预定方向运动,挡块压向零点开关后,回零轴反向减速运动;当挡块又脱离零点开关时,轴再改变方向,向参考点方向移动;当挡块再次压下零点开关时,数控系统开始寻找零点;当接收到第一个零点脉冲信号时,确定参考点位置。

无论采用何种方式,系统都是通过 PLC 程序的动作和数控系统的机床参数设定值来完成返回参考点操作的。由数控系统给出回零命令,然后轴按预定方向运动,压向零点开关（或脱离零点开关）后,PLC 向数控系统发出减速信号,回零轴按预定方向减速运动,再由系统接收零点脉冲信号,收到第一个脉冲信号后,当前轴完成回零动作。所有的轴都找到参考点后,回参考点的过程结束。

6.5.2　回参考点故障

数控机床回参考点的常见故障一般有以下几种情况:一是零点开关出现问题;二是编码器出现问题;三是系统测量板出现问题;四是零点开关与硬（软）限位位置太近;五是系统参数丢失等。下面举例介绍故障维修的过程。

加工中心开机回参考点,X 轴向回参考点的相反方向移动。

数控系统采用半闭环控制方式,使用增量脉冲编码器作为检测反馈元件。

机床开机 X 轴回参考点的动作过程为:回参考点轴先快速移动,当零点开关被挡块压下时,PLC 输入点信号由 1 变为 0,数控系统接收到该跳变信号后输出减速指令,使 X 轴制动后并低速向反方向移动。当挡块释放零点开关时,信号由 0 跳变为 1,X 轴制动后改变方向,以回参考点速度向参考点移动。当零点开关再次被挡块压下时,信号由 1 变为 0,数控系统接收到增量脉冲编码器发出的零位标志脉冲时,X 轴再继续运行到参数设定的距离后停止。此时,参考点确立,回参考点的过程结束。

这种回参考点方式可以避免在参考点位置回参考点这种不正常操作对加工中心造成的危害。当加工中心 X 轴本已在参考点位置,再进行回参考点操作时,这时初始信号是 0。数控系统检测到这种状态后,发出向回参考点方向相反的方向运动的指令。在零点开关被释放，即信号为 1 后，X 轴制动后改变方向，以回参考点速度向参考点移动，进行上述回参考点的过程。

根据故障现象，怀疑零点开关被压下后，虽然 X 轴已经离开参考点，但开关不能复位。用 PLC 诊断检查，确认判断正确。

询问操作人员，机床开机时各轴都在中间位置，排除了在参考点位置停机减速，挡块持续压着零点开关，导致开关弹簧疲劳失效的故障原因，也说明该减速开关在关机前已经失效了。

仔细观察加工过程，发现每次加工循环结束后，加工中心都停在参考点位置上。这大大增加了零点开关失效的可能性，提高了故障率。这可能是本次故障的真正原因。

由于在程序结束（M30）前，大多为 G28 回参考点格式，故建议数控编程人员在编制工件加工程序时，在程序结束（M30）前，加入回各轴中间点的 G 代码指令，并去掉 G28 指令，以减少该类故障的发生。

在开机回参考点时，X 轴和 Z 轴正常，但 Y 轴回参考点时，出现"Y 向伺服未就绪报警"。

根据故障现象进行针对性的检查，在检查到伺服驱动模块时，发现有 23 号伺服报警。此时查故障手册，有如下解释：

● Y 轴控制电缆未连接。

● Y 轴伺服报警（例如：伺服系统过流、过热、三相电源缺相等）。

● Y 轴伺服未准备好（例如：伺服系统没有加高压、给伺服加高压的继电器或接触器未吸合、使用二次上电的伺服系统时，需 PLC 输出的信号未输出）。

● 给位置板供电的 +24 V 电源故障。

● 数控系统出现其他紧急报警（如：跟踪误差过大、电动机过速）后，数控系统主动切断伺服时，也可能显示此报警。

● 在二次上电的伺服系统中，伺服上电延时时间太短（D139 参数）。

根据故障现象，检查伺服驱动模块，对换相同型号的 X 轴、Y 轴伺服驱动模块后故障消除。由此可见，此次故障为 Y 轴伺服驱动模块性能不稳定或接触不良。但几天后又发生故障，当 X 轴回参考点时又出现 X 轴伺服准备未就绪报警。根据前面的经验，检查到伺服驱动模块时，又发现有伺服（伺服准备未就绪）报警。由此似乎很容易得出结论为原 Y 轴（现已更换到 X 轴）的伺服驱动模块已彻底损坏。但为了进一步确认，又一次对换相同型号的 X 轴、Y 轴伺服驱动模块，故障依然存在，说明此次故障与伺服驱动模块无关。

经检查发现，X 轴正向限位开关的挡块已向减速开关的挡块方向移动，导致 X 轴回参考点时，回参考点动作还未完成就已挡到了硬限位开关，从而引起数控系统产生以上报警。

经重新调整硬限位开关的位置,并拧紧固定螺钉,机床回参考点恢复正常。

6.5.3 总结

数控机床返回参考点类故障是数控机床中比较常见的故障之一。而这种故障一般又是由挡块的松动、减速开关的失灵、参数的丢失、限位设置不准等因素引起的。当然,编码器或光栅尺的损坏以及编码器或光栅尺的零点脉冲出现问题等也多会引起返回参考点的故障,只不过编码器和光栅尺相对来说可靠性较高,出现故障的概率比较低。只要我们掌握数控机床回参考点的相关工作原理和设备的机械结构,了解其操作方法、动作顺序并对故障现象做充分调查和分析,就一定能找到故障的原因所在,检查修理,排除故障,最终使机床恢复正常。

6.6 刀架刀库类常见故障

6.6.1 刀库及换刀机械手的常见故障和维护

刀库及换刀机械手结构较复杂,且在工作中又频繁运动,所以故障率较高,目前机床上50%以上的故障都与之有关。如刀库运动故障,定位误差过大,机械手夹持刀柄不稳定,机械手动作误差过大等。这些故障最后都会造成换刀动作卡位,以致整机停止工作,因此刀库及换刀机械手的维护十分重要。

6.6.2 刀库及换刀机械手的维护要点

(1) 严禁把超重、超长的刀具装入刀库,防止在机械手换刀时刀具掉落或刀具与工件、夹具等发生碰撞。

(2) 顺序换刀时必须注意刀具放置在对应刀套的正确顺序,其他选刀方式也要注意所换刀具是否与所需刀具一致,防止换错刀具导致事故发生。

(3) 用手动方式往刀库上装刀时,要确保装到位、卡牢靠,并检查刀座上的锁紧装置是否可靠。

(4) 经常检查刀库的回零位置是否正确,检查机床主轴回换刀点位置是否到位,发现问题要及时调整,否则不能完成换刀动作。

(5) 要注意保持刀具刀柄和刀套的清洁。

(6) 开机时,应先使刀库和机械手空运行,检查各部分工作是否正常,特别是行程开关和电磁阀能否正常动作。检查机械手液压系统的压力是否正常,刀具在机械手上锁紧是否可靠,发现不正常时应及时处理。

6.6.3 刀库常见的故障(见表 6-8)

表 6-8 刀库常见故障

序号	常见故障	可能原因及检查方法
1	刀库不能转动或转动不到位	连接电动机轴与蜗杆轴的联轴器松动; 变频器故障,应检查变频器的输入、输出电压是否正常; PLC 无控制输出,可能是接口板中的继电器失效; 机械连接过紧,电网电压过低; 刀库转不到位的原因可能为电动机转动故障或传动机构误差
2	刀套不能夹紧刀具	刀套上的调整螺钉松动,或弹簧太松,造成卡紧力不足; 刀具超重
3	刀套上下不到位	装置调整不当或加工误差过大,造成拨叉位置不正确; 限位开关安装不正确或调整不当,造成反馈信号错误

6.6.4 换刀机械手的常见故障(见表 6-9)

表 6-9 换刀机械手常见故障

序号	常见故障	可能原因及检查方法
1	刀具无法夹紧	卡紧装置弹簧压力过小; 弹簧后面的螺母松动; 刀具超重; 机械手卡紧锁不起作用
2	刀具夹紧后无法松开	松锁的弹簧压合过紧,卡紧装置缩不回。应调松螺母,使最大载荷不超过额定值
3	换刀时掉刀	换刀时主轴箱没有回到换刀点或换刀点漂移,机械手抓刀时没有到位就开始拨刀,都会导致换刀时掉刀。应重新移动主轴箱,使其回到换刀点位置,重新设定换刀点
4	机械手换刀速度过快或过慢	气压高低、换刀气阀节流阀开口大小都会影响换刀速度的快慢,此时应调整气压大小和节流阀开口大小

6.7 立式加工中心 PLC 刀库报警分析

PLC 刀库报警分析如表 6-10 所示。

表 6-10 PLC 刀库报警

PLC 刀库报警号	含　义	处　理　方　法
621	刀具水平/垂直不到位报警	在手动方式下按【K3】按钮，【K3】按钮灯亮后按【复位】按钮清除报警； 检查刀具水平到位信号，对应 IO/A 转接模块输入点 I27； 检查刀具垂直 90°到位信号，对应 IO/A 转接模块输入点 I28； 检查气泵是否打开
622	主轴故障报警	对应 IO/A 转接模块输入点 I22
623	刀库变频器报警	对应 IO/C 转接模块输入点 I14
624	刀库未回零报警	在手动回零方式下，按【K1】按钮进行刀库回零操作和机床 X 轴、Y 轴、Z 轴回零操作
625	气泵报警	对应 IO/A 转接模块输入点 I4
626	水泵温度过高报警	对应 IO/A 转接模块输入点 I13
627	刀库换刀超时报警	对应 IO/A 转接模块输入点 I15、I16
628	刀具门开/关不到位报警	在手动方式下按【K3】按钮，【K3】按钮灯亮后按【复位】按钮清除报警； 检查刀具门开到位信号，对应 IO/A 转接模块输入点 I11； 检查刀具门关到位信号，对应 IO/A 转接模块输入点 I12； 检查气泵是否打开
629	主轴水泵报警	检查主轴水泵检测信号，对应 IO/A 转接模块输入点 I5
630	机械手旋转不到位报警	检查机械手到位信号，对应 IO/A 转接模输入点 I28～I29
631	刀库松刀不到位报警	检查刀库松刀到位信号，对应 IO/A 转接模块输入点 I30
632	主轴松刀不到位报警	检查主轴松刀到位信号，对应 IO/A 转接模块输入点 I8
633	水泵未启动报警	检查水泵未启动信号，对应 IO/A 转接模块输入点 I14
634	刀具未夹紧报警	检查主轴拉刀到位信号，对应 IO/A 转接模块输入点 I10
635	刀库紧刀不到位报警	检查刀库紧刀到位信号，对应 IO/A 转接模块输入点 I31
636	主轴准停不到位报警	检查主轴准停到位信号，对应 IO/A 转接模块输入点 I32

6.8 加工类常见故障

在工件加工过程中会遇到一些常见的故障,其故障现象、原因及处理方法如表 6-11 所示。

表 6-11 加工类常见故障

序号	故障现象	可能原因及处理方法
1	数控系统不能正常加工螺纹	未安装主轴编码器或主轴编码器损坏,导致系统无法车螺纹; 主轴编码器与系统连接线接触不良、断开或线路连接错误; 系统内部的螺纹接收信号电路故障,此时应返厂维修或更换主板; 切削螺纹螺距不对,此时应重新计算螺距并修改对应参数值; 乱牙故障,此时应检查参数设置是否合理
2	加工零件尺寸误差大	加工的零件尺寸时大时小:检查加工过程是否造成刀具上有积屑瘤,丝杠的窜动量是否超过允许值,刀架的定位精度及刀架是否松动; 尺寸往一个方向偏:若加工外圆,尺寸愈来愈大,则首先应该检查刀具与加工标准和加工工艺的要求是否一致,加工过程是否造成刀具的过度磨损。改进加工工艺

6.9 数控系统电磁干扰及防护

数控系统的稳定性、可靠性是保证其稳定、可靠运行的重要条件。数控系统一般在电磁环境较恶劣的工业现场使用,为了保证系统的正常工作,设计时应保证足够的抗干扰能力。

6.9.1 电磁干扰三要素

电磁兼容的主要研究是围绕造成干扰的三要素进行的,即电磁骚扰源、传输途径和敏感设备。

1.电磁骚扰源

电磁干扰和电磁骚扰经常被人们混同起来。实际上电磁干扰和电磁骚扰是两个不同的概念,电磁干扰是指由电磁骚扰引起的设备、传输通道或系统性能的下降,而电磁骚扰是一种客观存在,只有在影响敏感设备正常工作时才构成电磁干扰。电磁骚扰源有多种,有的来自自然界,有的是人为造成的。来自自然界的电磁骚扰源主要有由雷电产生的大气噪声、射电噪声和太阳辐射等。人为造成的电磁骚扰源又分为有意的和无意的两种。所谓有意的,是指那些必须发射电磁波的电子设备等。所谓无意的,包括计算机设备、电气传动设备、电力电子器件组成的变流装置等。

2. 传输途径

电磁骚扰可能以电流的形式沿电源线和电缆传播,或是以辐射的形式通过空间传播。比如计算机设备、电动机等。

3. 敏感设备

电磁骚扰可以通过传导、辐射等各种途径传输到设备,但能否对设备产生干扰,影响设备的正常工作,取决于电磁骚扰的强度和设备的抗干扰能力,以及设备的电磁敏感性。而设备的抗干扰能力通常由设备内部所含的最敏感电路或元器件的抗干扰能力所决定。各类设备结构不同、电路不同、元件不同,所以抗干扰能力也不同。通常容易受电磁干扰影响的敏感设备有计算机设备等。

6.9.2 电磁干扰源及其引入数控系统的主要途径

1. 电磁波干扰

大功率高频发生装置、电力电子变流装置等许多电气设备,都会产生强烈的高频电磁波,以辐射形式干扰数控装置。

2. 静电干扰

静电放电能使数控设备发生故障,严重时使数字逻辑电路损坏。一般在控制设备金属外壳上放电是极为常见的静电放电现象。放电电流通过金属外壳产生电场或磁场,再通过分布阻抗耦合到外壳内的电源线或其他信号线,形成对数控系统的干扰。

3. 瞬间干扰

在电容或电感电路中进行切换时,高频电压或电流有较大的变化时,瞬间都会产生对数控系统的干扰。

4. 公共阻抗噪声

电子设备的电路通常以系统电源为参考点,而电源公共零线存在分布参数,有电流流过时就会产生压降,瞬变时尤其严重,并会产生误差,甚至造成数控系统的故障。

5. 长线反射

控制信号引线过长又没有采取必要的屏蔽隔离措施,都易使数控系统产生错误信号;对高频脉冲信号处理不当,也会使数控系统的相关波形发生畸变。

6. 串扰

当信号平行且距离很近时,由于线间互感和电容的存在,都会在数控系统的相邻信号线间产生干扰。

7. 电源与地线形成的干扰

电源与地线的线径太小或布局不合理,信号也会发生畸变或交叉干扰,影响数控系统的可靠性。

6.9.3 抗干扰措施

上述干扰源的存在,无不影响着数控系统的安全、稳定运行,因此在进行系统总体结构设计时就应当采取硬件及软件等多方面的抗干扰措施,诸如印刷板的安排与布局、印刷线路板抗干扰设计、抗干扰器件的选用、减少总线长度等。即对电源变压器采用导电、导磁材料进行屏蔽;对供电系统以及 I/O 线路采取较多的滤波环节;在微处理器部分与 I/O 回路之间采用光电隔离措施,以便有效地隔离输入、输出之间电的联系;对输出模块采用模块式结构、检测和自诊断电路;对于软件则采用故障检测、信号保护和恢复等措施;并在制造中注意元件的筛选及老化;而且选用性能优良的数控系统。大量实践和统计数字表明:数控装置和工控机等的故障,90%来自于电源干扰和电源本身故障,强电设备会使供电系统污染,产生强脉冲干扰,通过传输线路影响数控设备。故不仅要对数控装置采取抗干扰措施,而且要对电源系统采取抑制措施。

1. 常用的抗干扰技术措施

1)物理隔离

加大受扰电路(或装置)与干扰源间的距离。因为干扰强度与距离的平方成反比,尽可能增大干扰源与受扰电路间的距离,将大大降低干扰的传播,减少系统故障率,尤其在电源恶劣的情况下,采用稳压设备对电源波动和瞬间停电是有效的。为了抑制电源噪声及电源、大地电缆之间的干扰,可以在电源与数控装置之间接一个隔离变压器(见图 6-1)。

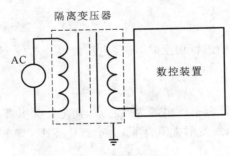

图 6-1 物理隔离抗干扰示意图

2)滤波

滤波器可以抑制电源线上输入的干扰和信号传输线路上感应的各种干扰。常用的有低通滤波器和直流滤波器,一般安装在电源与数控装置之间(见图 6-2)。

3)屏蔽

为使设备和元器件不受外部电磁场影响,通常采用隔离屏蔽措施。

(1)静电屏蔽。主要是为了消除两个或几个电路之间由于分电容耦合而产生的干扰,如变压器初次级之间接地的屏蔽层即为低频磁场屏蔽。对于恒定磁场和低频

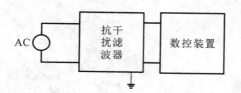

图 6-2   滤波抗干扰示意图

磁场,利用高磁导的铁磁材料可实现屏蔽。它将磁力线限制在磁阻很小的屏蔽导体内。此外,利用双绞线也可以消除这类干扰。

(2)电磁屏蔽。对于高频电磁干扰的屏蔽,是通过反射或吸收的方法来承受或排除电磁能量。在几千赫以下,钢是电磁干扰的良好吸收材料;在几兆赫以上,任何结构适当的金属都是良好的电磁干扰吸收材料。增加屏蔽层厚度,可以增加电磁干扰的吸收量。

4)接地

通常数控系统都具有一公共参考电位,将各参考电位连接起来即构成系统基准电位线,一般称为系统地线,它有时与公共底板相连,有时与设备外壳柜体框架相连。若设备将其外壳等与大地连接,为保护接地;若系统地线与大地连接,为系统接地。通过保护接地,或系统接地等形式,也能达到抗干扰目的。

附录A CASNUC 2000MA数控系统参数表 »»»»»»

A.1 A参数(A1～A96)

名称	参数位	参数含义	设置说明
A1	D0	密码保护开关的设置	D0＝1时,密码保护关闭,不需要输入密码; D0＝0时,密码保护开启,需输入密码,否则只显示前八项参数
	D1	脉冲检测值显示设置	D1＝1时,显示脉冲检测值; D1＝0时,不显示脉冲检测值
A9	D0	X轴螺补标志	D0＝1:X轴螺距补偿有效; D0＝0:X轴螺距补偿无效
	D1	Y轴螺补标志	D1＝1时,Y轴螺距补偿有效; D1＝0时,Y轴螺距补偿无效
	D2	Z轴螺补标志	D2＝1时,Z轴螺距补偿有效; D2＝0时,Z轴螺距补偿无效
A11	D0	X轴方向标志	D0＝1时,X轴正向运动时,电动机顺时针旋转(从轴端看); D0＝0时,X轴正向运动时,电动机逆时针旋转(从轴端看)
	D1	Y轴方向标志	D1＝1时,Y轴正向运动时,电动机顺时针旋转(从轴端看); D1＝0时,Y轴正向运动时,电动机逆时针旋转(从轴端看)
	D2	Z轴方向标志	D2＝1时,Z轴正向运动时,电动机顺时针旋转(从轴端看); D2＝0时,Z轴正向运动时,电动机逆时针旋转(从轴端看)

名称	参数位	参数含义	设置说明
A12	D0	系统上电时是 G01 状态还是 G00 状态	D0＝1 时,电源接通时,为 G01 状态; D0＝0 时,电源接通时,为 G00 状态
	D6	刀具长度补偿指定	D6＝1 时,刀具长度补偿为当前程序段指定的坐标轴(刀具长度补偿轴为当前程序段需移动的坐标轴,不能指定两个以上的坐标)
	D7	刀具长度补偿与 G17、G18、G19 的关系	D6＝0,D7＝1 时,刀具长度补偿为垂直于平面(G17,G18,G19) 的轴; D6＝0,D7＝0 时,刀具长度补偿为 Z 轴,与指定平面无关
A13	D0	X 轴螺补方式	D0＝1 时,X 轴螺补为绝对螺补方式; D0＝0 时,X 轴螺补为增量螺补方式
	D1	Y 轴螺补方式	D1＝1 时,Y 轴螺补为绝对螺补方式; D1＝0 时,Y 轴螺补为增量螺补方式
	D2	Z 轴螺补方式	D2＝1 时,Z 轴螺补为绝对螺补方式; D2＝0 时,Z 轴螺补为增量螺补方式
A16	D0	X 轴断线报警屏蔽	D0＝1 时,X 轴伺服码盘断线时,不报警; D0＝0 时,X 轴伺服码盘断线时,报警
	D1	Y 轴断线报警屏蔽	D1＝1 时,Y 轴伺服码盘断线时,不报警; D1＝0 时,Y 轴伺服码盘断线时,报警
	D2	Z 轴断线报警屏蔽	D2＝1 时,Z 轴伺服码盘断线时,不报警; D2＝0 时,Z 轴伺服码盘断线时,报警
A17	D0	X 轴伺服使能屏蔽	D0＝1 时,X 轴伺服未就绪时,不报警; D0＝0 时,X 轴伺服未就绪时,报警
	D1	Y 轴伺服使能屏蔽	D1＝1 时,Y 轴伺服未就绪时,不报警; D1＝0 时,Y 轴伺服未就绪时,报警
	D2	Z 轴伺服使能屏蔽	D2＝1 时,Z 轴伺服未就绪时,不报警; D2＝0 时,Z 轴伺服未就绪时,报警
A27	D0～D7	C 刀补报警屏蔽参数	A27＝11111111,屏蔽 C 刀补过切削报警; A27＝00000000,C 刀补计算中出现过切削时,报警
A28	D0	C 刀补建立是否进行过切削判断	D0＝0 时,C 刀补建立不进行过切削判断,垂直于下一段程序建立刀补; D0＝1 时,C 刀补建立进行过切削判断
	D1	I,J,K 的编程模式	D1＝0,I,J,K 在 G90 方式下为绝对值编程,在 G91 方式下为相对值编程; D1＝1,I,J,K 始终为相对值

名称	参数位	参数含义	设 置 说 明
A29	D0	X 轴单、双向螺补标志	D0＝0 时，X 轴为单向螺补； D0＝1 时，X 轴为双向螺补
	D1	Y 轴单、双向螺补标志	D1＝0 时，Y 轴为单向螺补； D1＝1 时，Y 轴为双向螺补
	D2	Z 轴单、双向螺补标志	D2＝0 时，Z 轴为单向螺补； D2＝1 时，Z 轴为双向螺补
A30	D0	手动回零方式选择	D0＝1 时，快速回零； D0＝0 时，一般回零
A31	D6	刀具长度补偿取消方式选择	D6＝0 时，上电或复位及重新检索程序时，清除长度补偿； D6＝1 时，上电或复位及重新检索程序时，不清除长度补偿
A32	D0～D1	X 轴行程限位方式	D1＝0 和 D0＝0 时，X 轴行程限位为两个（正向、负向两个限位点）； D1＝1 和 D0＝1 时，X 轴行程限位为一个（不分正向、负向，一个限位点）
	D2～D3	Y 轴行程限位方式	D3＝0 和 D2＝0 时，Y 轴行程限位为两个（正向、负向两个限位点）； D3＝1 和 D2＝1 时，Y 轴行程限位为一个（不分正向、负向，一个限位点）
	D4～D5	Z 轴行程限位方式	D5＝0 和 D4＝0 时，Z 轴行程限位为两个（正向、负向两个限位点）； D5＝1 和 D4＝1 时，Z 轴行程限位为一个不分正向、负向，一个限位点）
A33	D0	PLC 运动禁止位	D0＝0 时，PLC 报警时运动禁止； D0＝1 时，PLC 报警时运动不禁止
A39	D0～D7	PLC 用户自定义参数	具体含义由 PLC 程序定义
A40	D0～D7	PLC 用户自定义参数	具体含义由 PLC 程序定义
A81	D0	循环指令进给量符号设定	D0＝1，进给量 Q 与 Z 值同号
A89	D0	X 轴回零方向选择	D0＝1 时，X 轴负向回零； D0＝0 时，X 轴正向回零
	D1	Y 轴回零方向选择	D1＝1 时，Y 轴负向回零； D1＝0 时，Y 轴正向回零
	D2	Z 轴回零方向选择	D2＝1 时，Z 轴负向回零； D2＝0 时，Z 轴正向回零

名称	参数位	参数含义	设置说明
A90	D0	刚性攻丝、弹性攻丝选择	D0＝0时,为弹性攻丝; D0＝1时,为刚性攻丝
	D1	指定主轴编码器方向	主轴旋转方向与主轴编码器方向不一致时,用此参数进行调整。 D1＝0时,为正常计数; D1＝1时,为主轴编码器反向计数
A91	D0	是否判PLC的主轴高低速挡	D0＝0时,不判断PLC的主轴高低速挡; D0＝1时,判断PLC的主轴高低速挡
A92	D0	输出的主轴电压值是否带符号	D0＝0时,输出的主轴电压值没符号,轴的正反转根据PLC送出的正反转的使能信号决定; D0＝1时,输出的主轴电压值的符号根据PLC送回系统的主轴旋转方向决定。主轴正向旋转输出的主轴电压值为正值,主轴反向旋转输出的主轴电压值为负值,主轴停止输出的主轴电压值为零
A94	D0	手持器方式标志	D0＝0时,手轮方式有效; D0＝1时,手持器方式有效

注:所有A参数均为8位参数,最左位为D7,最右位为D0,不使用的参数位一律填"0"。A参数设置后,退出参数编辑方式,按【复位】按钮生效。

A.2　C 参数(C1～C96)

名称	参数含义	设置说明
C1	X轴图形缩放参数	C1＝1～99时,X轴的图形显示放大C1倍; C1＝101～127时,X轴的图形显示缩小为原来的1/(C1-100)。 C1＝101、100、000、001时,X轴的图形显示为1:1;例如C1＝102,则图形显示缩小为原来的1/2
C2	Y轴图形缩放参数	C2＝1～99时,Y轴的图形显示放大C2倍; C2＝101～127时,Y轴的图形显示缩小为原来的1/(C2-100); C2＝101、100、000、001时,Y轴的图形显示为1:1
C3	Z轴图形缩放参数	C3＝1～99时,Z轴的图形显示放大C3倍; C3＝101～127时,Z轴的图形显示缩小为原来的1/(C3-100); C3＝101、100、000、001时,Z轴的图形显示为1:1
C4	图形显示方式	C4＝17时,在图形方式下,显示G17平面; C4＝18时,在图形方式下,显示G18平面; C4＝19时,在图形方式下,显示G19平面; C4＝3时,在图形方式下,显示X,Y,Z的三维图形; C4等于其他值时,在图形方式下,同时显示G17平面、G18平面、G19平面、三维图形

名称	参数含义	设置说明
C5	RS-232 接口波特率参数	C5=1,波特率:1200 b/s; C5=2,波特率:2400 b/s; C5=3,波特率:4800 b/s; C5=4,波特率:9600 b/s; C5=5,波特率:19200 b/s; C5=6,波特率:38400 b/s; C5=7,波特率:57600 b/s; 当 C5 不等于上述值时,系统默认波特率:1200 b/s
C6	设定 U 盘盘符	C6=0 时,U 盘的盘符为 A 盘; C6=1 时,U 盘的盘符为 B 盘; C6=2 时,U 盘的盘符为 C 盘; C6=3 时,U 盘的盘符为 D 盘; C6=4 时,U 盘的盘符为 E 盘; C6=5 时,U 盘的盘符为 F 盘; 当 C6 不等于上述值时,系统默认 D 盘

A.3　D 参数(D1~D288)

名称	参数含义	参数说明
D2	G73 钻孔循环回程值	单位:mm
D3	G83 钻孔循环切削起点	单位:mm
D9	X 轴编码器线数	电动机旋转一周编码器输出的脉冲数
D10	Y 轴编码器线数	电动机旋转一周编码器输出的脉冲数
D11	Z 轴编码器线数	电动机旋转一周编码器输出的脉冲数
D12	主轴编码器线数	电动机旋转一周编码器输出的脉冲数
D17	X 轴螺距	单位:μm。螺距为伺服电动机旋转一周机床对应轴移动的距离
D18	Y 轴螺距	单位:μm。螺距为伺服电动机旋转一周机床对应轴移动的距离
D19	Z 轴螺距	单位:μm。螺距为伺服电动机旋转一周机床对应轴移动的距离
D41	X 轴电机转速限制	单位:r/min。根据伺服电动机的转速及用户的要求确定。当电动机的实际转速超过此参数的设置值,系统报警

名称	参数含义	参数说明
D42	Y轴电机转速限制	单位:r/min。根据伺服电动机的转速及用户的要求确定。当电动机的实际转速超过此参数的设置值,系统报警
D43	Z轴电机转速限制	单位:r/min。根据伺服电动机的转速及用户的要求确定。当电动机的实际转速超过此参数的设置值,系统报警
D57	X轴增益	增益值应满足公式: $$64 \leqslant 螺距 \times \frac{增益}{1000} \leqslant 255$$ 其中:螺距$\times \dfrac{增益}{1000}$推荐值为120
D58	Y轴增益	同D57
D59	Z轴增益	同D57
D81	主轴1挡最高速度	主轴1挡(M41)时10 V电压对应的最高转速
D82	主轴2挡最高速度	主轴2挡(M42)时10 V电压对应的最高转速
D83	主轴3挡最高速度	主轴3挡(M43)时10 V电压对应的最高转速
D84	主轴4挡最高速度	主轴4挡(M44)时10 V电压对应的最高转速
D97	X轴反向间隙	单位:μm
D98	Y轴反向间隙	单位:μm
D99	Z轴反向间隙	单位:μm
D105	X轴手动进给时加减速的初始速度	单位:mm/min
D106	Y轴手动进给时加减速的初始速度	单位:mm/min
D107	Z轴手动进给时加减速的初始速度	单位:mm/min
D113	X轴手动进给时加减速的加速度	单位:mm/s^2
D114	Y轴手动进给时加减速的加速度	单位:mm/s^2
D115	Z轴手动进给时加减速的加速度	单位:mm/s^2
D139	伺服上电延迟时间	单位:ms。对于上电时序为控制回路先上电,动力回路后上电的二次上电的伺服系统,D139参数必须大于伺服系统弱电上电与允许伺服高压上电时间差。对于安川伺服D139>1000,对于航天数控集团模拟式的伺服D139>10
D141	F0时的速度	单位:mm/min。当零件加工程序中编程的F指令为F0时,系统以参数D141指定的加工速度进行加工

名称	参数含义	参数说明
D142	自动方式直线加减速的初始速度	单位:mm/min
D143	自动方式直线加减速的加速度	单位:mm/s²
D144	空运转速度	单位:mm/min。在空运转状态下,零件加工程序中的 F 指令无效,系统以空运转速度运行根据螺距和电机的转速及用户的要求确定
D145	X 轴 G00 速度	单位:mm/min。运行 G00 指令时的速度,各个轴的 G00 速度可以不相同。根据螺距和电动机的最高转速及用户的要求确定
D146	Y 轴 G00 速度	单位:mm/min。运行 G00 指令时的速度,各个轴的 G00 速度可以不相同。根据螺距和电动机的最高转速及用户的要求确定
D147	Z 轴 G00 速度	单位:mm/min。运行 G00 指令时的速度,各个轴的 G00 速度可以不相同。根据螺距和电动机的最高转速及用户的要求确定

注:所有 D 参数均为十进制数值,不使用的参数位一律填"0"。D 参数设置后,退出参数编辑方式,按【复位】按钮生效。

A.4　E 参数(E1～E288)

名称	参数含义	参数说明
E1	图形显示 X 轴偏移	单位:mm。范围:−99999.999～99999.999
E2	图形显示 Y 轴偏移	单位:mm。范围:−99999.999～99999.999
E3	图形显示 Z 轴偏移	单位:mm。范围:−99999.999～99999.999
E9	X 轴第二参考点距离	单位:mm。范围:−99999.999～99999.999
E10	Y 轴第二参考点距离	单位:mm。范围:−99999.999～99999.999
E11	Z 轴第二参考点距离	单位:mm。范围:−99999.999～99999.999
E17	X 轴第三参考点距离	单位:mm。范围:−99999.999～99999.999
E18	Y 轴第三参考点距离	单位:mm。范围:−99999.999～99999.999
E19	Z 轴第三参考点距离	单位:mm。范围:−99999.999～99999.999
E25	X 轴第四参考点距离	单位:mm。范围:−99999.999～99999.999
E26	Y 轴第四参考点距离	单位:mm。范围:−99999.999～99999.999

名称	参数含义	参数说明
E27	Z轴第四参考点距离	单位:mm。范围:−99999.999～99999.999
E33	X轴定位误差值	单位:脉冲数(小数点无效)。G00等定位指令中,用于进行到位判断。参数范围:500～5000
E34	Y轴定位误差值	同E33
E35	Z轴定位误差值	同E33
E41	X轴静态误差值	单位:脉冲数(小数点无效)。G01等切削指令中,用于进行到位判断。参数范围:500～5000
E42	Y轴静态误差值	同E41
E43	Z轴静态误差值	同E41
E49	X轴跟踪误差最大值	单位:脉冲数(小数点无效)。当电动机运动时的跟踪误差超过此参数的设置值,系统报警"跟踪误差过大"。跟踪误差最大值的设置应满足下述条件: 20000<跟踪误差 <32767 此参数复位有效。当该参数过小时,易发生"跟踪误差过大"报警,一般可增大该参数值来解决
E50	Y轴跟踪误差最大值	同E49
E51	Z轴跟踪误差最大值	同E49
E65	X轴手动速度	单位:mm/min。手动连续和手动回零时,机床移动速度、各个轴的手动速度可以不相同。根据螺距和电动机的转速及用户的要求确定
E66	Y轴手动速度	同E65
E67	Z轴手动速度	同E65
E73	X轴的负向软限位	单位:mm。输入范围为−99999.999～0
E74	Y轴的负向软限位	单位:mm。输入范围为−99999.999～0
E75	Z轴的负向软限位	单位:mm。输入范围为−99999.999～0
E81	X轴的正向软限位	单位:mm。输入范围为0～99999.999
E82	Y轴的正向软限位	单位:mm。输入范围为0～99999.999
E83	Z轴的正向软限位	单位:mm。输入范围为0～99999.999
E89	X轴的回零栅格偏移	单位:mm。通过此参数可以调整机床参考点的位置。此参数不应过大,以免影响回零效率。当需调整的机床参考点位置较大时,应调节回零减速挡块的位置。参数范围:−99999.999～99999.999
E90	Y轴的回零栅格偏移	同E89
E91	Z轴的回零栅格偏移	同E89

名称	参数含义	参数说明
E97	最大进给速度	单位:mm/min
E99	加电后自动方式隐含切削速度	单位:mm/min。当零件加工程序中未输入 F 指令时,系统以参数 E99 指定的加工速度进行加工
E153	X 轴回转轴回零值	单位:mm。当 E153＝0 时,对应轴为直线轴;E153 不为 0 时,对应轴为旋转轴。 此参数仅用于机床坐标的显示控制,当机床坐标显示值的绝对值等于该参数时,显示值返回到"0"重新计数
E154	Y 轴回转轴回零值	同 E153
E155	Z 轴回转轴回零值	同 E153
E161	X 轴螺距补偿零点	单位:mm。输入范围为－99999.999～0,螺距补偿零点是第一螺补点距回零点的距离
E162	Y 轴螺距补偿零点	同 E161
E163	Z 轴螺距补偿零点	同 E161
E169	X 轴螺补间隔值	单位:mm。输入范围为 0～99999.999,螺补间隔值为两个螺补点之间的距离;螺补间隔值等于零时,螺补功能无效
E170	Y 轴螺补间隔值	同 E169
E171	Z 轴螺补间隔值	同 E169
E177	X 轴回零速度 1	单位:mm/min。参数对应轴在回零动作时,碰到回零挡块时的速度
E178	Y 轴回零速度 1	同 E177
E179	Z 轴回零速度 1	同 E177
E185	X 轴回零速度 2	单位:mm/min。参数对应轴在回零动作时出回零挡块时的速度
E186	Y 轴回零速度 2	同 E185
E187	Z 轴回零速度 2	同 E185

注:所有 E 参数均为十进制数值,不使用的参数位一律填"0"。参数 E 设置后,退出参数编辑方式,按【复位】按钮生效。

A.5 G 参数(G1~G48)

名称	参数含义	参数说明
G1	用于设定 G54 工件坐标系的 X 轴偏移量	单位:mm。设定范围:−99999.999~99999.999
G2	用于设定 G54 工件坐标系的 Y 轴偏移量	同 G1
G3	用于设定 G54 工件坐标系的 Z 轴偏移量	同 G1
G9	用于设定 G55 工件坐标系的 X 轴偏移量	单位:mm。设定范围:−99999.999~99999.999
G10	用于设定 G55 工件坐标系的 Y 轴偏移量	同 G9
G11	用于设定 G55 工件坐标系的 Z 轴偏移量	同 G9
G17	用于设定 G56 工件坐标系的 X 轴偏移量	单位:mm。设定范围:−99999.999~99999.999
G18	用于设定 G56 工件坐标系的 Y 轴偏移量	同 G17
G19	用于设定 G56 工件坐标系的 Z 轴偏移量	同 G17
G25	用于设定 G57 工件坐标系的 X 轴偏移量	单位:mm。设定范围:−99999.999~99999.999
G26	用于设定 G57 工件坐标系的 X 轴偏移量	同 G25
G27	用于设定 G57 工件坐标系的 X 轴偏移量	同 G25
G33	用于设定 G58 工件坐标系的 X 轴偏移量	单位:mm。设定范围:−99999.999~99999.999
G34	用于设定 G58 工件坐标系的 Y 轴偏移量	同 G33
G35	用于设定 G58 工件坐标系的 Z 轴偏移量	同 G33
G41	用于设定 G59 工件坐标系的 X 轴偏移量	单位:mm。设定范围:−99999.999~99999.999
G42	用于设定 G59 工件坐标系的 Y 轴偏移量	同 G41
G43	用于设定 G59 工件坐标系的 Z 轴偏移量	同 G41

注:参数 G 对应 G54~G59 工件坐标系设定值,为浮点型参数,不使用的参数位一律填"0"。参数 G 设置后,退出参数编辑方式,按【复位】按钮生效。

附录B CASNUC 2000TA 数控系统参数表 »»»»»

B.1　A 参数

参数号	D7～D0 的用途	出厂默认参数
A1	PLC 参数（由梯图定义）	
A2	空运行时 S、T、M 是否执行： D0＝0,不执行； D0＝1,执行	00000000
A3	未定义	
A4	D0＝0:自动方式倍率进给； D0＝1:自动方式手轮进给	
A5	D0＝0:不自动添加 N 号； D0＝1:自动添加 N 号	00000000
A6～A8	未定义	
A9	螺距误差补偿选择： D0＝1,进行螺距误差 X 轴补偿； D2＝1,进行螺距误差 Z 轴补偿	00000000
A10	未定义	
A11	电动机旋转方向选择： D0:X 轴方向； D2:Z 轴方向； D0＝0 或 D2＝0:从轴端看,电机逆时针旋转为正转； D0＝1 或 D2＝1:从轴端看,电机顺时针旋转为正转	00000000

续表

参数号	D7~D0 的用途	出厂默认参数
A12~A15	未定义	
A16	00000000:螺补参数单位为脉冲; 11111111:螺补参数单位为 μm	00000000
A17	01010101:U 盘设为 E 盘; 10101010:U 盘设为 D 盘	
A18~A25	未定义	
A26	00001111:主轴挡位在加电时读 PLC 的 G0.0,可用于读取主轴加电时的挡位(需梯图配合)	00000000
A27	未定义	
A28	01010101:主轴 DA 值送到 PLC 的 FW14,从 FW16 去值送主轴 DA,可用于主轴换挡时主轴抖动(需梯图配合)	00000000
A29~A37	未定义	
A38	D0=0:PLC 报警中文不显示; D0=1:PLC 报警中文显示(若梯图编有中文报警时)	
A39~A40	PLC 参数(由梯图定义)	
A41	未定义	
A42	00000001:外置手持盒	00000000
A43~A47	未定义	
A48	显示内容选择: 选择在屏幕上显示跟踪误差还是监测到的编码器测试信号。 D0=0:显示跟踪误差; D0=1:显示编码器测试信号	00000000
A49~A50	未定义	
A51	直径/半径编程选择: D0=1,半径编程; D0=0,直径编程	00000000
A52~A56	未定义	
A57	11111111:圆弧加工大于两象限	00000000
A58	11111111:回零挡块位置判断	00000000
A59	限位、回零开关状态选择: D0=0,"常闭"状态; D0=1,"常开"状态	00000000

参数号	D7～D0 的用途	出厂默认参数
A60	回零方向选择: D0＝0,X 轴正向回零; D0＝1,X 轴负向回零; D2＝0,Z 轴正向回零; D2＝1,Z 轴负向回零	00000000
A61～A96	未定义	

注:A 参数是位参数,它由 A1～A96 共 96 个 8 位的位参数组成 8 位的位参数按以下顺序排列:每个位参数中的最低位(D0)显示在屏幕的右边,位参数中的最高位(D7)显示在屏幕的左边。

B.2 B 参数(螺距补偿参数)

参数号	参数含义	说　　明
B1～B256	X 轴螺距补偿参数	X 轴最多补偿 256 个点: 设置为直径编程时 X 轴误差值×2, 若为半径编程则不需×2
B257～B512	未定义	
B513～B768	Z 轴螺距补偿参数	Z 轴最多补偿 256 个点
B769～B4096	未定义	

注:B 参数是螺距补偿参数,由 B1～B4096 共 4096 个参数组成,在 2000TA 中使用了 512 个螺距补偿参数,每个参数都是用带符号的两位十进制数制表示。每个参数的输入范围为－99～99;参数的单位为脉冲。

B.3 C 参数(字节参数)

C5	波特率/(b/s)
1	1200
2	2400
3	4800
4	9600
5	19200
6	38400
7	57600
8	115200

注:C 参数共有 C1～C96 共 96 个参数,在 2000TA 中,仅 C5 用于 RS232 串行接口通讯波特率的设定。系统默认的通信设置如下:数据位为 8 位;停止位为 1 位;校验方式为偶校验,查询方式为发送和接收,并采用硬件握手信号。

B.4　D参数(D1～D288)

参数号	参数含义	单位	说　明
D1	选择显示屏背景色		范围:0～6,7种背景颜色。 填完参数,返回自动方式后,按【退出】键,参数有效
D2	需加工的工件数		与 M20 配合使用(需梯图配合使用)。 在全自动方式执行到 M20 时,若工件计数值到设定值则向下执行加工程序,否则从头执行,工件计数值加1; 在半自动方式执行到 M20 时向下执行加工程序; 自动方式按【P】键可清零工件计数值,系统断电后工件计数值清零
D3～D4	未定义		
D5	自动添加 N 号增量值		
D3～D4	未定义		
D9	X 轴编码器线数	脉冲(编码器每转)	允许范围:1000～8192; 例如:电动机码盘为 2500 脉冲/转,参数填为 2500
D10	未定义		
D11	Z 轴编码器线数	同参数 D9	同参数 D9
D12	主轴编码器线数	同参数 D9	同参数 D9(编码器与主轴 1:1 连接)
D13～D16	未定义		
D17	X 轴螺距	μm	定义:工作台移动距离(电动机每转); 允许值:1000、2000、3000、4000、5000、6000、8000、10000、12000、24000、36000; X 轴螺距:X 轴编码器转 1 圈 X 轴移动距离
D18	未定义		
D19	Z 轴螺距	μm	定义:工作台移动距离(电动机每转); 允许值:1000、2000、3000、4000、5000、6000、8000、10000、12000、24000、36000; Z 轴螺距:Z 轴编码器转 1 圈 Z 轴移动距离

续表

参数号	参数含义	单位	说　明
D20～D24	未定义		
D25	X 轴线性螺距误差补偿	μm	定义:用于补偿每 100 mm 可能产生的固定误差; 范围:−80～80; 例如:实测 X 轴每 100 mm 多走 0.010 mm,则在 D25 中填写 65526 即(65536−10);实测 X 轴每 100 mm 少走 0.020 mm,则在 D25 中填写 20
D26	未定义		
D27	Z 轴线性螺距误差补偿	μm	定义:用于补偿每 100 mm 可能产生的固定误差; 范围:−80～80; 例如:实测 Z 轴每 100 mm 少走 0.010 mm,则在 D27 中填写 10
D29～D48	未定义		
D49	X 轴伺服电动机最高转速	r/min	允许值:800～3000
D50	未定义		
D51	Z 轴伺服电动机最高转速	r/min	允许值:800～3000
D52～D56	未定义		
D57	X 轴增益		允许值:40～400;默认为 120
D58	未定义		
D59	Z 轴增益		允许值:40～400;默认为 120
D60～D80	未定义		
D81	M41 挡主轴电动机最高转速	r/min	允许值:≤9999 (初次设置:在手动方式下,输出 M41,输出 S9999,输出 M03,将屏幕上显示的主轴转速填到 D81 参数处。M42、M43、M44 处参数同样处理。注意主轴以最高转速运行时的安全)
D82	M42 挡主轴电动机最高转速		
D83	M43 挡主轴电动机最高转速		
D84	M44 挡主轴电动机最高转速		

续表

参数号	参数含义	单位	说　明
D85	M41 挡主轴电动机最低转速	r/min	允许值：≥0
D86	M42 挡主轴电动机最低转速		
D87	M43 挡主轴电动机最低转速		
D88	M44 挡主轴电动机最低转速		
D89	M41 挡手动主轴电动机转速	r/min	定义：用操作面板上的按钮启动主轴时，主轴的转速；范围：0～9999
D90	M42 挡手动主轴电动机转速		
D91	M43 挡手动主轴电动机转速		
D92	M44 挡手动主轴电动机转速		
D93～D96	未定义		
D97	X 轴反向间隙补偿	μm	允许值：0～255
D98	未定义		
D99	Z 轴反向间隙补偿	μm	允许值：0～255
D100～D145	未定义		
D146	T 代码数据格式设置		T 代码后数字的位数允许值：2 或 4（位）。2 位：T××，T 后面 1 位刀号、1 位刀补；4 位：T××××，T 后面 2 位刀号、2 位刀补
D147～D288	未定义		

B.5　F 参数(F1～F288)

参数号	参数含义	单位	说　明
F1			定义屏幕垂直方向的中部对应的 X 值,即 X 轴最小值。一般该值应定义为工件旋转中心坐标
F2			定义屏幕左边对应的 Z 轴值,即 Z 轴最小值。F2 ≤ 工件坐标 Z 向最小值
F3	图形显示范围选择	mm	定义屏幕垂直方向的上下对应的 X 值,即 X 轴最大值。工件坐标 X 向最大值 ≤ F3
F4			定义屏幕右边对应的 Z 轴值,即 Z 轴最大值。工件坐标 Z 向最大值 ≤ F4
F5			显示刀具长度,F5=屏幕显示点数;范围:0～200;0 为 1 个点,可用于刀具轨迹显示
F8	G78 指令收尾距离	L(螺距)	最小增量值:0.1L;范围:0≤收尾距离≤12.7(L)≤螺纹总长(收尾距离应小于螺纹总长,若为 0 则无收尾)
F9～F56	未定义		
F57	X 轴 G00 速度指定	m/min	根据螺距、电动机转速、伺服功率和机械可承受的速度决定
F58	未定义		
F59	Z 轴 G00 速度指定	m/min	根据螺距、电动机转速、伺服功率和机械可承受的速度决定
F60～F64	未定义		
F65	X 轴手动速度指定	m/min	根据使用习惯、螺距、电动机转速和机械可承受的速度决定
F66	未定义		
F67	Z 轴手动速度指定	m/min	根据使用习惯、螺距、电动机转速和机械可承受的速度决定
F68～F72	未定义		

参数号	参数含义	单位	说　明
F73	软限位:X轴正向	mm	存储型行程限位设置,该轴回机床参考点后有效; 一旦该轴回过参考点,此参数修改后退出参数管理方式既有效; 一般设在硬限位内侧,可以起到双重保护的作用; 范围:0～99999.999
F74	未定义		
F75	软限位:Z轴正向	mm	同 F73
F76～F80	未定义		
F81	软限位:X轴负向	mm	存储型行程限位设置,该轴回机床参考点后有效; 一旦该轴回过参考点,此参数修改后退出参数管理方式既有效; 一般设在硬限位内侧,可以起到双重保护的作用; 范围:0～－99999.999
F82	未定义		
F83	软限位:Z轴负向	mm	同 F81
F84～F152	未定义		
F153	X轴机床参考点坐标值	mm	注 1:X轴回机床参考点后显示该值。 注 2:手动回参考点,设定该轴的工件坐标系。 范围:0～±99999.999
F154	未定义		
F155	Z轴机床参考点坐标值	mm	同 F153
F156～F160	未定义		
F161	X轴螺距补偿起始点	mm	注 1:本参数在 X轴回机床参考点后有效。 注 2:本参数是 X轴第一螺距补偿点距机床参考点的距离。 注 3:起始点为零时螺补功能无效。 范围:0～－99999.999
F162	未定义		
F163	Z轴螺距补偿起始点	mm	同 F161
F164～F168	未定义		

续表

参数号	参数含义	单位	说　　　明
F169	X轴螺距补偿间隔值	mm	注1:螺补间隔值为零时螺补功能无效 注2:该轴回机床参考点后螺补有效。 注3:该参数定义了自第一补偿点后面的补偿间隔。 范围:0~99999.999
F170	未定义		
F171	Z轴螺距补偿间隔值	mm	同 F169
F172~F288	未定义		

B.6　刀　偏　参　数

刀偏参数用来进行刀具补偿。它分为两类,一类用来补偿刀具位置偏差,另一类用来补偿刀具形状。总共分成8页,每页12组参数,共96组。

当加工程序中用 T 功能调用补偿参数时,例如:

T 代码设置成2位数:T33,前面的字母 T 是调用刀具功能的代码,中间的数字3表示换3号刀,后面的数字3,表示调用3号刀补,本例即调用 G0003 号参数对应的位置补偿值。T 代码设置成2位数,可调用9把刀、9组刀补参数。

如果 T 代码设置成4位数,则可调用的刀具和刀补值的范围都扩大。如果上例中还要调用3号刀和3号刀补,则应写成:T0303。

当用 G41、G42 调用刀具半径 C 补偿时,刀具半径和刀具方向与刀具位置补偿使用的是同一参数号中的刀具形状数据。

刀偏参数具体定义如下。

参数号	刀具位置偏差补偿		刀具形状补偿	
	X 向刀偏	Z 向刀偏	刀具半径	刀具方向
	范围±9999.999	范围±9999.999	范围±9999.999	范围:0~9
⋮				⋮

可通过按【U】键(或【W】键)输入刀具磨损值(正值或负值),将磨损值加到刀具位置偏差补偿值中。

在自动方式下,按【G】键可直接进入刀偏参数页面进行操作。在加工过程中,若加工程序中有连续螺纹加工指令,则不要使用【G】键修改刀偏参数。

附录C PLC机床输入输出定义表 »»»»»

C.1 2000TA 系统机床输入输出定义表

2000TA 机床输入定义表

输入点	对应梯图输入点	信号名
I1	I0.0	Z 轴正向超程
I2	I0.1	Z 轴负向超程
I3	I0.2	X 轴正向超程
I4	I0.3	X 轴负向超程
I5	I0.4	Z 轴返回参考点减速
I6	I0.5	X 轴返回参考点减速
I7	I0.6	卡盘脚踏开关
I8	I0.7	实际刀位——1 号
I9	I1.0	实际刀位——2 号
I10	I1.1	实际刀位——3 号
I11	I1.2	实际刀位——4 号
I12	I1.3	实际刀位——5 号
I13	I1.4	实际刀位——6 号
I14	I1.5	实际刀位——7 号
I15	I1.6	实际刀位——8 号

输入点	对应梯图输入点	信号名
I16	I1.7	尾座前进
I17	I2.0	尾座后退
I18	I2.1	开关信号 1 报警(常闭)
I19	I2.2	开关信号 2 报警(常闭)
I20	I2.3	尾架脚踏开关

2000TA 机床输出定义表

输出点	对应梯图输出点	信号名
O1	Q0.0	刀架正转
O2	Q0.1	刀架反转
O3	Q0.2	刹车启动控制
O4	Q0.3	卡盘松开
O5	Q0.4	冷却泵启动
O6	Q0.5	伺服加高压
O7	Q0.6	主轴正转控制
O8	Q0.7	主轴反转控制
O9	Q1.0	主轴低速控制(M41,S1)
O10	Q1.1	主轴高速控制(M42,S2)
O11	Q1.2	主轴正向点动
O12	Q1.3	卡盘夹紧
O13	Q1.4	润滑
O14	Q1.5	尾座前进
O15	Q1.6	尾座后退
O16	Q1.7	空

C.2 2000MA 系统机床输入输出定义表

2000MA 系统机床输入定义表

输入点	对应梯图输入点	信号名
I1	I0.0	X 轴正向超程
I2	I0.1	X 轴负向超程
I3	I0.2	Y 轴正向超程
I4	I0.3	Y 轴负向超程
I5	I0.4	Z 轴正向超程
I6	I0.5	Z 轴负向超程
I7	I0.6	X 轴返回参考点减速
I8	I0.7	Y 轴返回参考点减速
I9	I1.0	Z 轴返回参考点减速
I10	I1.1	刀具夹紧检测
I11	I1.2	手动换刀按钮
I12	I1.3	开关信号 1 报警(常闭)
I13	I1.4	开关信号 2 报警(常闭)
I14～I32	I1.5～I3.7	标准梯图尚未使用,可根据客户实际需求定义

2000MA 系统机床输出定义表

输出点	对应梯图输出点	信号名
O1	Q0.0	伺服主回路上电
O2	Q0.1	主轴正转
O3	Q0.2	主轴反转
O4	Q0.3	冷却液开
O5	Q0.4	润滑启动
O6	Q0.5	抱闸打开
O7	Q0.6	刀具夹紧松开
O8	Q0.7	空
O9	Q1.0	主轴挡位 1
O10	Q1.1	主轴挡位 2
O11～O24	Q1.2～Q2.7	标准梯图尚未使用,可根据客户实际需求定义

参 考 文 献

[1]　李福生.实用数控机床技术手册[M].北京:北京出版社,1993.

[2]　陈长雄,李佳特.数控设备故障分析[M].北京:电子工业出版社,2004.

[3]　刘雄伟.数控机床操作与编程培训教程[M].北京:机械工业出版社,2001.

[4]　刘雄伟.数控加工理论与编程技术[M].北京:机械工业出版社,2000.